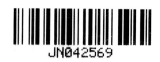

Raspberry Piで
ロボットを
つくろう!

動いて，感じて，考える
ロボットの
製作と
Pythonプログラミング

Matt Timmons-Brown‥著　齊藤 哲哉‥訳

共立出版

Learn Robotics with Raspberry Pi:

Build and Code Your Own Moving, Sensing, Thinking Robots

By Matt Timmons-Brown

Title of English-language original:

Learn Robotics with Raspberry Pi: Build and Code Your Own Moving, Sensing, Thinking Robots,

ISBN 978-1-59327-920-2, published by No Starch Press Inc.

245 8th Street, San Francisco, California United States 94103.

Japanese translation rights arranged with

No Starch Press, Inc.

through Japan UNI Agency, Inc., Tokyo

私の両親，レベッカとジェフへ．

息子である私の **Pi** に対する不思議な情熱を応援し，

いつも私のことを信じてくれたことと，

貴重な助言と限りない愛に感謝します．

二人に本書を捧げます．

謝辞

本書は，全員を列挙したら本書が埋め尽くされてしまうほど多くの人たちの努力と支援がなければ出版できませんでした．

まず，そもそも私に本書の執筆を勧め，出版してくれたリズ・チャドウィック（Liz Chadwick），ジャネール・ルドワーズ（Janelle Ludowise），ビル・ポロック（Bill Pollock）をはじめとする，No Starch Press 社のチームに感謝したいと思います．技術面の間違いがないか熱心に確認をしてくれた，Raspberry Pi 練達の士であり友人でもあるジム・ダービー（Jim Darby）にも感謝します．

Raspberry Pi がこの世に存在しなかったら，本書が存在しなかったでしょうし，そもそも，コンピュータサイエンスに対して今私が抱いている情熱や愛着もありませんでした．これに関しては，Raspberry Pi 財団とすべての関係者の方々に感謝しなければなりません．Pi や財団の活動は，さまざまな形で世界に変化と改革をもたらしています．特に，長年にわたり私に助言，指導，そして応援を続けてくれ，さらに本書の「刊行に寄せて」を書いてくれたエベン・アプトン（Eben Upton）への恩は忘れません．

Raspberry Pi は，それを取り巻く世界各地に散らばっている広大なコミュニティがなければ価値がありません．最初からの参加者も，つい最近の参加者も含め，このコミュニティのすべてのメンバーに感謝します．そして，私の YouTube チャンネルを支援してくださっている方，私の講演に来てくださった方，Pi のイベントで私に微笑んでくださった方全員に感謝します！

執筆の間ずっと Python 3 に関する支援と助言を与えてくれたフィル・ハワード（Phil Howard），ベン・ナトール（Ben Nuttall），そしてサイモン・ビール（Simon Beal）に感謝します．ポール・フリークリー（Paul Freakley）とロブ・カルピンスキー（Rob Karpinski）は，私がメイカーになるのを手助けしてくれたり，最高のレーザーカッターや 3D プリンタを使えるようにしてくれたりしました．ありがとう．

2012 年に初代 Raspberry Pi 先行予約待ちの列に私を入れてくれたティム・ハンバリー・トレーシー（Tim Hanbury-Tracy）に感謝します．あなたの寛大さがなければ，私の人生はどうなっていたかわかりません．

最後に，私の友人たちと家族に感謝します．あなた方がいなければ，私はコンピュータサイエンスを旅することも，この本を書くこともできなかったでしょう．とりわけ，私の両親のレベッカとジェフには，二人からの永遠の愛情や支援，そして助言に感謝します．

刊行に寄せて

私たちが2008年にRaspberry Pi財団を設立してRaspberry Piの開発に着手したときは，Raspberry Piをソフトウェア開発のためのプラットフォームとして捉えていました．それから10年後の2018年に教育分野での主な利用事例は何かと聞かれていたら，おそらく私はゲーム開発を挙げたでしょう．ゲーム開発は，1980年代後半に私がコンピュータの世界に足を踏み入れたきっかけだったからです．

最初のRaspberry Piを発売してからの6年間で，私たちの小さな教育用コンピュータを取り巻くコミュニティは，信じられないほど成長しました．私たちは，世界中の子どもや大人がRaspberry Piを使って工学技術を学んでいるのを見てきました．3,000を超える若者のチームが開発したプログラムが稼働する2台のRaspberry Piを，国際宇宙ステーションに送ったこともあります．さらに，私たちが無償提供している教育リソースのライブラリを使った説得力のある授業を実施するために，何千人もの教育者を養成しました．

これらはすべて驚きでしたが，私が最も驚いたのは，フィジカルコンピューティングプロジェクトの人気でした．フィジカルコンピューティングは，コードを書くだけでなく，コードを通じて現実世界を感じ，制御し，相互作用する手法の一つです．スプライトが画面上を動き回るのも素晴らしいけれど，物理的なモノが部屋中を動き回るのはもっと素晴らしいことです．私の同僚であるピート・ローマス（Pete Lomas）の強い勧めでRaspberry Piに搭載した40ピンのGPIOコネクタは，基板上で一番便利な機能を提供することが多方面で証明されています．

プラットフォームの良し悪しは，それを解説する文書の善し悪しに大きく左右されます．多くの初心者にとって，フィジカルコンピューティングを学ぶ過程は，気が遠くなる長い道のりに見えるかもしれませんが，本書はこの心踊る分野を，一番簡単な入出力を構成するところからスタートし，次にロボットをリモコンで動かし，ついには地面に引いた線をたどったりモノを追いかけたりと自律的に動作するロボットをつくり上げるところまで，やさしく紹介しています．

20年後もしくは30年後に，BBC Microやコモドール社のAmigaに私が抱いているのと同じような愛情を持ってRaspberry Piを振り返ってくれる人たちが少なからずいることが，私の願いです．願いが実現したとき，それらの人の中には，このプラットフォームを最大限に活用する方法を示してくれた本書に感謝する人が，きっといることでしょう．

2018年4月　ケンブリッジにて

Dr. エベン・アプトン

大英帝国勲章(司令官)/王立工学アカデミーフェロー

Raspberry Pi (Trading) Ltd. CEO

目次

第2章　電子工学の基礎　35

第3章　ロボットをつくる　55

第 4 章　ロボットを動かす　85

第 5 章　障害物を避ける　108

第 6 章　光と音で華やかにする　125

第 7 章　線をたどる　149

はじめに

『Raspberry Pi でロボットをつくろう！』へようこそ！　本書では，電子工学，Python プログラミング，ロボット工学を使ってわくわくする冒険に出かけます．Raspberry Pi を使って，自分だけのカスタマイズ可能なロボットを一からつくる方法を示します．

旅の途中で，遠隔操作や線追従，物体認識など，ロボットに素晴らしい能力を与えていきます！

本書を読み終えたときには，ロボット工学やコンピュータサイエンスのより長い旅に出かけるのに必要なプログラミングや工学のスキルが身につき，あなた独自の素晴らしいロボットを実現するための基礎ができているはずです．

本書の中では，最も人気のあるプログラミング言語の 1 つである Python を使ったコーディングなど，コンピューティングの他の領域も紹介します．コンピュータとテクノロジーに興味のあるみなさんにとって最適な第一歩となるでしょう！

なぜロボットをつくって学ぶのか？

私たちの身の回りにはロボットがあふれています．ロボットは私たちが毎日使う製品をつくっています．手術で命を救っています．また，火星や太陽系の他の惑星を探索しています．技術が向上するにつれ，人々はより良く，より安全で，余裕のある生活ができるように，ロボットに頼ることが多くなってきています．人工知能の台頭により，自動運転車や知的なコンパニオンロボットが私たちの生活に溶け込む日もそう遠くないでしょう！

自分の好奇心を満たすためであろうと，将来儲かる職業に就くためであろうと，まさに今はロボット工学を学ぶ絶好の機会です．それに，ロボットのことを少しでも理解していたら，ロボットが反乱を起こしたときに生存する可能性が高くなるでしょう（冗談です）.

ロボットをつくることで，さまざまな分野における経験と理解を得ることができます．モノをつくる？ よろしい！ 電子工学？ よろしい！ ソフトウェアプログラミング？ よろしい！ 本書はこれら 3 つがすべて揃った入門書です．

しかし，それ以上に，なぜロボットをつくるべきなのかを一言で言えば，**それが楽しいから**です．床の上を走り回ったり，障害物を避けたり，光ったりする自作のロボットには，ほかにはない興味をそそられ，ワクワクする何かがあります．

13 歳の私をコンピュータサイエンスの世界にハマらせたのがロボット工学で，私はそこからずっと離れられずにいます．

なぜ Raspberry Pi なのか？

Raspberry Pi は 35 ドルで買えるクレジットカードサイズのコンピュータで，安い費用でプログラミングや電子工学に入門できるようにつくられたものです．小さくて安いにもかかわらず，Raspberry Pi はプログラムの実行から文書作成，ウェブの閲覧まで，期待以上に何でもできる，機能的に十分なコンピュータです．

Raspberry Pi はロボット工学を学ぶのに最適なプラットフォームです．すぐに入手でき，値段が安く，小さく，簡単に電源が入れられます．Pi はあなたが思い浮かべられるほぼすべてのプログラミング言語でプログラムでき，あらゆる種類の電子工学プロジェクトに組み込むことができます．Pi は能力と簡単さの間のちょうどいいところを突いているため，Pi でつくれるロボットに限界はありません．

Raspberry Pi は 2012 年にイギリスのケンブリッジで発売されて以来，世界中で非常に多くのファンやコミュニティを獲得しています．何百万人というユーザーがそれぞれの開発状況やプロジェクトやアイデアをオンラインで共有しているので，初心者が Raspberry Pi を活用する際に，ここから有用な情報が得られます．対面のイベントもたくさんあって，おしゃべりをしたり，つくったものを見せびらかしたりできます．こういったイベントはたいてい愛情を込めて「ラズベリージャム」（Raspberry Jam）と呼ばれ，世界中で開催されています．

本書の内容

本書は，2 輪ロボットを一からつくる方法を段階的なプロジェクトとして説明していきます．プロジェクトごとに部品を追加し，新しい機能をプログラムすることで，順にロボットを改良していきます．本書の各段階で，それぞれの構造やその背後にあるプログラムの全体的な手順を説明します．すべてのコードと資料は https://nostarch.com/raspirobots/ から無償でダウンロードできます． 本書の更新情報や追加の注意事項も同じところにあります．

【訳注】 コードはGitHubのリポジトリ [1] からダウンロードできます（角括弧の数字は，巻末「訳者あとがき」の URL リストを参照してください）．

各章に何が書かれているのかを見てみましょう．

第 1 章「起動する」では，Raspberry Pi とその機能を紹介します．オペレーティングシステムのインストール方法や，SSHを使ってローカルネットワーク越しに Raspberry Pi を利用するための設定方法を示します．本章では，ターミナルを使って，最初の Python プログラムを書きます．

【訳注】 SSH は Secure Shell（セキュアシェル）の略．

第 2 章「電子工学の基礎」では，電気とは何か，どうやって利用するのかを紹介します．本章には，ロボットをつくるという冒険のスタートに最適な初心者向けのプロジェクトが 2 つあります．これらを通じ，LED を点滅させる回路や，ボタンに反応する回路をつくれるようになります．

第 3 章「ロボットをつくる」では，ロボットの旅に出ます．つまり，ここからロボットをつくり始めます！ まずモーターとタイヤがついた台座をつくります．ロボットのさまざまな部品や配線の仕方を説明します．

第 4 章「ロボットを動かす」では，Wii リモコンを使って，完成したロボットを遠隔制御で動かします．Python のコードを使い，まずは単純な方法でロボットを動かし，次にマリオカートのように Wii リモコンを傾けたり向きを変えたりしてロボットを動かします．

第 5 章「障害物を避ける」では，自分で動くロボットを初めて体験します．このプロジェクトでは，超音波距離センサーを使い，ロボットが途中にある障害物を感知して衝突を回避できるようにします．もうぶつかることはありません！

第 6 章「光と音で華やかにする」では，超高輝度のライトとスピーカーを使ってロボットをカスタマイズします．眩いばかりに輝く光をプログラムし，さらに，Raspberry Pi に 3.5 mm のスピーカーを接続して，ロボットから車の警笛音のような音を出せるようにします．

第 7 章「線をたどる」では，赤外線センサーの使い方と，ロボットに黒い線をたどらせるためのプログラミングを示します．あっという間に，ロボットが勝手にサーキットを走り回るようになります！

第 8 章「コンピュータビジョン――色のついたボールを追いかける」は，本書の中で最も高度なプロジェクトです．ここでは，コンピュータサイエンスの中でも最先端技術分野の 1 つである画像処理を採用します．Raspberry Pi の公式カメラモジュールとコンピュータビジョンのアルゴリズムを使い，ロボットは周りの状況に左右されずに色のついたボールを認識して追いかけるようになります．

【訳注】 第 8 章に続いて，いくつかの付録があります．「次のステップ」では，本書を読み終えたあと，次の段階に進むために役立つ情報を紹介しています．「Raspberry Pi の GPIO ピン配置図」では，40 本ある GPIO ピンの名称と位置，それぞれの物理番号と BCM 番号を図示しています．「抵抗器の計算方法」では，色帯を見て抵抗値を計算する方法を紹介しています．「はんだ付け」では，Raspberry Pi やロボットの冒険で必ず必要となるはんだ付けに必要な道具や，うまくはんだ付けをするコツを紹介しています．「起動時にプログラムを実行する」では，本書で作成したロボットを動かす Python プログラムを，Raspberry Pi が起動したときに自動的に実行する方法を示しています．

【訳注】 「訳者あとがき」に，日本で利用できるオンラインショップと，実際に訳者が入手した部品とその入手先を挙げていますので，参考にしてください．

本書が想定する読者

本書は，ロボットやプログラミング，電子工学に興味がある人たちのための本です．知識や技能については何も前提にしておらず，難しい専門用語を使わない説明を心掛けました．あらゆる背景を持つあらゆる年齢層の人たちが簡単に実行し理解できるように，プロジェクトやガイダンスを構成しています．

使用部品

本書のプロジェクトを通して，いろいろなものが必要になります．例えば，電子部品や各種材料，工具などです．しかし，心配はいりません．すべてがいろいろな場所で安価に入手できます．

本書に出てくるすべての部品や道具は，以下のオンラインショップで購入できます！

- eBay：https://www.ebay.com/
- Adafruit：https://www.adafruit.com/
- Pimoroni：https://shop.pimoroni.com/
- The Pi Hut：https://thepihut.com/
- CPC Farnell：https://cpc.farnell.com/
- RS Components：https://uk.rs-online.com/web/

必要となる部品は各プロジェクトで具体的に紹介して解説しますが，あらかじめ以下にまとめておきます．

第 1 章

- Raspberry Pi 3 Model B+
- 16 GB 以上の microSD カード
- HDMI ケーブル，USB キーボード／マウス
- 5 V の micro USB 端子の電源アダプタ
- モニターもしくはテレビ

第 2 章

- 400 穴ブレッドボード
- 抵抗内蔵 LED
- 抵抗
- オス-メス／メス-メス／オス-オスのジャンパワイヤー
- モーメンタリ式押しボタン

第 3 章

- ロボット用車台（本書の例では，レゴで自作しています）
- タイヤがついた 5 V から 9 V のブラシ付きモーター 2 個
- 単三電池 6 本用電池ボックス
- 単三電池 6 本（充電式をお勧めします）
- LM2596 降圧コンバータモジュール
- L293D モーターコントローラチップ

第 4 章

- 任天堂 Wii リモコン
- ［旧モデルのユーザー向け］Raspberry Pi 3 Model B や Zero W より古い Pi をお使いの場合は，Bluetooth ドングル

第 5 章

- 超音波距離センサー HC-SR04
- 1 kΩ 抵抗と 2 kΩ 抵抗

第 6 章

- ヘッダがついた NeoPixel Stick
- 3.5 mm 小型スピーカー

第 7 章

- TCRT5000 を使用した赤外線追従センサーモジュール 2 個

第 8 章

- 公式 Raspberry Pi カメラモジュール
- 色付きボール

以下に挙げる道具や材料も必要になります（使わずに済む場合もあります）．

- いろいろな種類のねじ回し
- ホットグルーガン
- マルチメーター
- はんだごて

- ワイヤーストリッパー
- 粘着剤／ベルクロ／3M デュアルロック

さあ，始めよう！

ともかくロボットも Raspberry Pi も素晴らしいのです．さあ，前置きはここまでにして，いよいよ出発です！ このページをめくれば，あなたのロボットの冒険が始まります！

第1章
起動する

本書では，自分だけのロボットをつくる方法を教えます．このわくわくする冒険には，さまざまな電子工学，プログラミング，ロボット工学が含まれます．

本書を通じて，LED，ボタン，バッテリー，モーターを接続するところから，ロボットが線に沿って動いたり，センサーを介して世界を認識したりするところまで，ロボットをつくるのに必要な知識や方法のすべてを教えます！ これ以降のすべてのプロジェクトで Raspberry Pi を使用するので，まず Pi とは何かを学び，Pi を設定してみましょう．

Raspberry Pi を入手する

冒険を進めるためには，もちろん Raspberry Pi が必要です！ Raspberry Pi は世界中で販売されていますので，どこに住んでいても簡単に購入できるはずです．

本書を執筆している時点では，いくつかのタイプの Raspberry Pi が販売されています．最新は Raspberry Pi 4，Raspberry Pi 3 Model B+，Raspberry Pi Zero の 3 つです．図 1.1 は，従来の 35 ドルの Raspberry Pi がアップデートされた Raspberry Pi 3 Model B+ です．これが本書で使用する基板です．なぜこれを選んだかと言うと，普通のサイズのコネクタがより多く搭載されており，私たちのロボット開発に最適だからです．これにより，Pi Zero で必要だったアダプタや USB ハブをあれこれいじくり回す必要がなくなります．

図 1.1 Raspberry Pi 3 Model B+

Raspberry Pi Zero は必要最低限のものを搭載した小さな基板で，たった 5 ドルで販売されています．Raspberry Pi Zero W は無線 LAN や Bluetooth 機能が搭載されている無線版であることを除けば Pi Zero と同じで，10 ドルで販売されています．Zero と Zero W を図 1.2 に示します．

図 1.2 Raspberry Pi Zero（左）と Raspberry Pi Zero W（右）

【訳注】2021 年 10 月 28 日に Raspberry Pi Zero 2 W が発表されました．価格は 15 ドルで，Pi 3 と同等（クロック周波数を 1 GHz に落としている）のプロセッサを採用しています．

【訳注】Pi Zero の HDMI 端子は miniHDMI，USB ポートは micro USB Type-B が 1 つ（もう 1 つあるが電源用）なので，通常の HDMI ケーブルを使うには変換アダプタが必要で，USB 接続機器を使用するためには micro USB Type-B の USB ハブを接続する必要があります．

小型の Pi Zero を使わないのはなぜなのかと気になるかもしれません．より小さい基板なら場所を取らないので，ロボットをより小さくできますし，ハードウェアを追加する場所を確保することもできます．しかし，Pi Zero を使う場合，USB 機器やモニターを小さいポートに差すために USB や HDMI の変換アダプタが必要になります．これらのアダプタも別途購入しなければなりません．ロボット工学分野の経験を少し積んだ後のプロジェクトで，Pi Zero を使う価値があるか判断してもよいでしょう．そのときが来たら，やってみましょう！

すでに古いモデルの Pi をお持ちの方もご安心ください．Raspberry Pi はすべて互換性があるので，どの Raspberry Pi を持っているかは重要ではありません．どれを使っても本書のロボットをつくれます．インターネットに無線で接続するのにアダプタが必要になるかどうかが違うだけです．表 1.1 に各モデルの仕様の違いを示します．

表 1.1　主要な Raspberry Pi の仕様比較

型式	Raspberry Pi 3 Model B+	Raspberry Pi Zero	Raspberry Pi Zero W
RAM	1 GB	512 MB	512 MB
プロセッサ	64 ビット クアッド コア 1.4 GHz	32 ビット シングル コア 1 GHz	32 ビット シングル コア 1 GHz
接続ポート	HDMI, USB 2.0 × 4 個, micro USB（電源用）	ミニ HDMI, micro USB × 2（データ用・電源用）	ミニ HDMI, micro USB × 2（データ用・電源用）
接続性	無線LAN, Bluetooth, イーサネット	なし	無線 LAN, Bluetooth
価格	35 ドル	5 ドル	10 ドル

最近，Raspberry Pi 4 が登場しました．これは本書で使う Pi と完全な互換性がありますが，Pi 3B+ よりも多くの電力を使用し，ロボットの電池の減りが速くなりますので，Pi 3B+ にこだわることをお勧めします．もっとも，どの Pi を持っていても本書の冒険は可能ですので，心配はいりません．

【訳注】 2021 年 7 月 29 日に Raspberry Pi 400 日本語版が発売になりました．日本語キーボードに Raspberry Pi 4（メモリは 4GB，CPU の周波数は 1.8 GHz に向上）を内蔵したキーボード一体型の構成になっています．

あなたの国にある販売代理店は，Raspberry Pi 財団のウェブサイト（https://www.raspberrypi.org/products/）で見つけられます．

Pi 初体験

Raspberry Pi を初めて見た人は，少しとまどってしまうかもしれません．普通「コンピュータ」と言えば，画面，キーボード，マウス，記憶装置を伴うものを想像するかもしれませんが，Raspberry Pi はちょっと違います．

メモ：

Raspberry Pi はロボットをつくるのに適したコンピュータというだけでなく，ロボットをつくるための最も簡単で入手しやすいコンピュータなのです！

箱を開けてみると，いろいろな種類の部品が突き出ている，むき出しの基板が現れるのです．例えば Pi 3 B+ なら，図 1.3 のように見えるはずです．

図 1.3 上から見た Raspberry Pi 3 Model B+

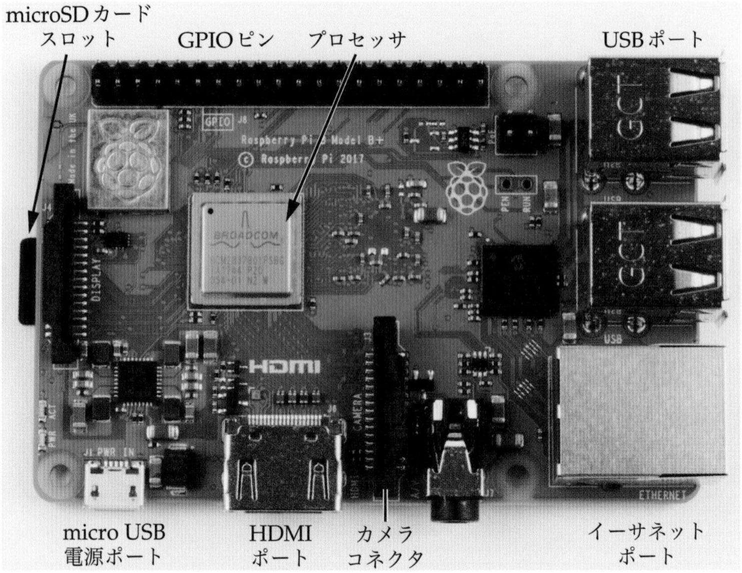

これらの部品が何をするものなのかを見ていきましょう.

USB ポート：USB キーボードや USB マウス，USB メモリなどの機器を接続できる USB ポートが 4 つあります.

イーサネットポート：有線でインターネットに接続するためのポートです.

HDMI ポート：HDMI は高精細マルチメディアインタフェース（high-definition multimedia interface）の略で，このポートは Pi にテレビやモニター画面を接続します.

micro USB 電源ポート：Raspberry Pi が動作するのに必要な 5 V の電源を接続するための，多くのスマートフォンと同じ電源入力ポートです．注目すべき点は，電源ボタンがないことです！ Pi は電源ケーブルが接続されているときは常に電源がオンになっています.

microSD カードスロット：ほとんどのコンピュータは何らかの記憶装置を持っていますが（例えば多くのノート PC はハードディスクや SSD を内蔵しています），Raspberry Pi の基板上には記憶装置がありません．そこで，コンピュータを動かすためのオペレーティングシステム（OS）とすべてのファイルは，デジタルカメラでよく見かける microSD カードに保存します．この章の後半で，microSD カードを設定する方法と，Pi に必要な OS のインストール方法を示します.

プロセッサ（クアッドコア 1.4 GHz）：Pi の基板の真ん中にはコンピュータの頭脳があります．買ったばかりの製品が，どれだけの力があるのか気になりますよね．ノート PC やデスクトップ PC と同じくらいの速さでしょうか？ 1GB RAM を持つ Pi のプロセッサは，スマートフォンとほぼ同じくらいの性能を発揮します．後ほど紹介しますが，このプロセッサで膨大な量の計算をすることができます．

カメラコネクタ：HDMI 端子の隣には，CAMERA と書かれたクリップのようなコネクタがあります．これは，ロボットに視覚を追加するために本書で使用する，公式の Raspberry Pi カメラモジュールの入力端子です！

GPIO ピン：Raspberry Pi の最も際立った特徴の 1 つは，図 1.4 の下側（基板としては上端）に並んでいる 40 本の金属ピンです．これらは GPIO（general-purpose input/output; 汎用入出力）ピンと呼ばれます．これらのピンをプログラムすることによって, LED, センサー, モーターなど, さまざまな電子機器や部品類を制御できます(図 1.5 を参照).

図 1.4 GPIO ピン

メモ：
初代の Raspberry Pi 1 には 26 本の GPIO ピンしかありませんでした．後の Raspberry Pi では，同じ機能を提供するピンが，追加で 14 本詰め込まれました！ 初代のモデルを持っている方も，両者には互換性があるので，本書のロボットをつくる上で支障はありません．

図 1.5 GPIO ピンを使って Raspberry Pi に接続できるハードウェアの例

GPIO ピンはフィジカルコンピューティングの世界への入り口になります．後の章で，ロボットの電子部品（モーターや線追従センサーなど）を Pi に繋ぐのに GPIO ピンを使います．これらのハードウェアが指示どおりに動くようにプログラミングします！

そのほかに必要なもの

繰り返しますが，Raspberry Pi には画面やキーボードといった基本的な周辺機器がついていません．Pi を設定して実行するには，さらにハードウェアが必要になります．幸いなことに，これらのほとんどは，あなたの周りにころがっているのではないでしょうか．

5 V micro USB 電源アダプタ：Raspberry Pi に電源を供給するのに使用します．古い Android スマートフォンの充電器があれば問題ありません．ほとんどの電源アダプタには，出力の電圧と電流が記載されているので，出力電圧が 5 V で出力電流が 2.5 A 以上であることを確認するだけでよいです．この仕様を満たさない電源アダプタもたくさんあり，これらの電源が原因で謎の故障が発生することがよくあります．もし余っている電源アダプタが見当たらなければ，https://www.raspberrypi.org/products/raspberry-pi-universal-power-supply/で公式のものを入手してください．

USB キーボードと USB マウス：Raspberry Pi はそのままでは入力手段がないので，最初に Raspberry Pi とやりとりをするために USB キーボードと USB マウスが必要です．家にデスクトップ PC を持っている方は，それらの USB キーボードと USB マウスを流用すればよいです．持っていなければ，オンラインショップやパソコンショップで購入できます．

16 GB 以上の microSD カード：Raspberry Pi には基板上に記憶装置がないので，OS を保存する microSD カード（初代の Raspberry Pi の場合は普通の SD カード）が必要です．それらもオンラインショップやパソコンショップで購入できます．カードは少なくとも 16 GB の容量が必要です．容量は多ければ多いほど良いです！

HDMI ケーブル：Raspberry Pi を HDMI 端子がついたテレビやモニターに接続するのに使用します．HDMI ケーブルはオンラインショップや電器店で購入できるごく一般的なケーブルです．

モニターもしくはテレビ：Raspberry Pi からの出力を表示するものが必要です．HDMI 端子があるものであれば，コンピュータ用のモニターでもテレビでも，別の種類の画面でもよいです．コンピュータ用のモニターには，HDMI 端子がないものもあります．その場合，通常は

DVI 入力があるので，HDMI を DVI に変換するアダプタやケーブルを購入して繋ぐことができます．

また，必須ではありませんが，デスクトップ PC やノート PC はとても役に立ちます．まず，Raspberry Pi で実行するソフトウェアが入った SD カードが必要であり，別の PC を使用して作成しなければなりません．次に，LAN（local area network）に Pi を無線で接続し，PC から LAN 越しに Pi を制御すると，とても効率的です．こうすることで，Pi にモニターを繋いだり外したりする手間が省けます．LAN 越しに Pi を使用すると，この章で説明する初期設定に必要なものはモニターもしくはテレビだけになります．初期設定は 30 分もかからないはずです！

ただし，もし PC が利用できなくてもうまくやっていけるので，心配はありません．

本書の後の章では，上記以外のハードウェアや部品，電子機器を使用しますが，今は気にしなくて構いません．それぞれのプロジェクトを始める前に，必要なことをすべて伝えていきます．

Raspberry Pi を設定する

さて，Raspberry Pi とさしあたり必要な機器を用意できたので，いよいよ Raspberry Pi を設定しましょう．初心者にとっては大変な作業に思えるかもしれませんが，順を追って説明していくので，安心してください．microSD カードを準備してハードウェアを接続し，Pi を起動していくつか設定をしていきます．

microSD カードを準備するのにあたり，PC がない場合は，設定済みの OS があらかじめ書き込まれた microSD カードを購入することになります．オンラインで「インストール済み NOOBS “Raspberry Pi” microSD カード」で検索すると見つかります．

【訳注】NOOBS は OS のインストールを簡単にするソフトウェアです．NOOBS が書き込まれた単体の microSD カードは現在販売されなくなっているので，PC がない場合は [2] などから，NOOBS を搭載した Raspberry Pi のセットを購入してください．

しかし，もし PC が使えるなら，自分で OS をインストールすることをお勧めします．これは知っておくと便利なスキルです．というのは，何か問題が発生して最初からやり直す場合でも，何をすればよいかがわかるからです．何より，安上がりに済みますしね！

Windows/macOS で Pi のオペレーティングシステムをインストールする

オペレーティングシステムは現代のすべてのコンピュータ上で動作する基本ソフトウェアで，それぞれのオペレーティングシステムはかなり似ているように見えますが，すべてが同じではありません．

多くの読者は Windows や macOS に慣れ親しんでいると思いますが，Raspberry Pi は Linux オペレーティングシステムで動作します．

Linux はオープンソースのオペレーティングシステムであり，さまざまなディストリビューションが存在します．つまり，目的ごとにさまざまな種類の Linux があります．Raspberry Pi では，多くの人たちが Raspberry Pi 財団が公式にサポートしている Raspberry Pi OS（Raspbian）ディストリビューションを利用しています（図 1.6 参照）．

【訳注】 Raspbian は Raspberry Pi OS に名称が変更になりました．

図 1.6 Raspberry Pi OS デスクトップ環境

オープンソースとは？

オープンソースのソフトウェアは，そのソースコード（ソフトウェアのもととなるプログラムコード）を誰もが参照し，変更し，再配布することができます．これは，世界中のプログラマがオープンソースプロジェクトに貢献し，それを利用する人たち全員の利益のために働くことができることを意味しています．また，Raspberry Pi OS は無償でダウンロードして利用できます．一方，Windows のような一部のオペレーティングシステムは，独占的（プロプライエタリ）で，自身のコンピュータで使用する前にライセンスキーを購入しなければなりません．

SD カードを用意する

Raspberry Pi OS を microSD カードにインストールする前に，microSD カードにすでに何か保存されているかもしれないので，まずそれらを消去する必要があります．たとえカードが新品でも，この作業は行ってください．この作業を microSD カードの**初期化**と呼びます．microSD カードを初期化する前に，次ページ欄外の「警告」を必ず読んでください！

1. microSD カードを PC のカードスロットに挿入します．もし SD カードスロットがなければ，図 1.7 に示すような USB 接続の SD カードアダプタが必要です．この小さなデバイスによって，PC にある USB ポートを経由してカードを差すことができます．オンラインショップ（「SD カード USB アダプタ」で検索するだけ）もしくは近くのコンピュータショップで，簡単かつ安価に見つけることができます．

警告：
初期化すると，保存されていた内容は完全に消去され，元には戻せなくなります．誤って別の記憶装置を初期化しないように，正しいドライブ名を選択したことを念のため再確認してください．

図 1.7 ノート PC の USB ポートに接続したカードアダプタと，初期化する microSD カード

2. SD カードを差すと，PC から SD カードにアクセスできるようになります．Windows ならエクスプローラの［デバイスとドライブ］のところを見てください．Mac なら，Finder で見つけてください．microSD カードのドライブ名（D: や H: など）をメモしておきます．これは microSD カードが差されたときに PC が割り当てた文字です．
3. SD カードを正しく初期化する一番良い方法は，SD Association 公式の初期化ソフトウェアである SD Card Formatter を使用することです．このソフトウェアをインストールするには，https://sdcard.org/ja/downloads-2/ を開き，［SD メモリカードフォーマッター］メニューをクリックし，OS に合ったものを見つけます．規約に同意するかどうか聞いてきたら，一番下までスクロールして［同意します］をクリックすると，最新版のソフトウェアがダウンロードされます．ダウンロードが完了したら，図 1.8 のようにインストールを実行します．指示に従って進み，利用規約に同意してください．

【訳注】 公式サイトから新たに Raspberry Pi Imager がリリースされています（[3] から入手可能）．SD カードの初期化のほか，OS のインストールも同時にできます．

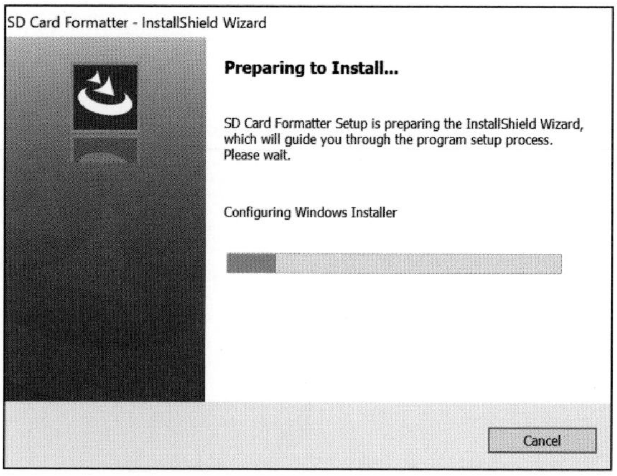

図 1.8 SD Card Formatter のインストール

4. インストールが終了したら，SD Card Formatter を実行してください．図 1.9 のようなウィンドウが開きます．ここからの作業はとても簡単です．ドロップダウンメニューからカードを選択し（先ほど記録したドライブ名を選んでください），［クイックフォーマット］オプションを選択し，［フォーマット］をクリックします．カードが初期化される間，プログレスバーを見守りましょう！

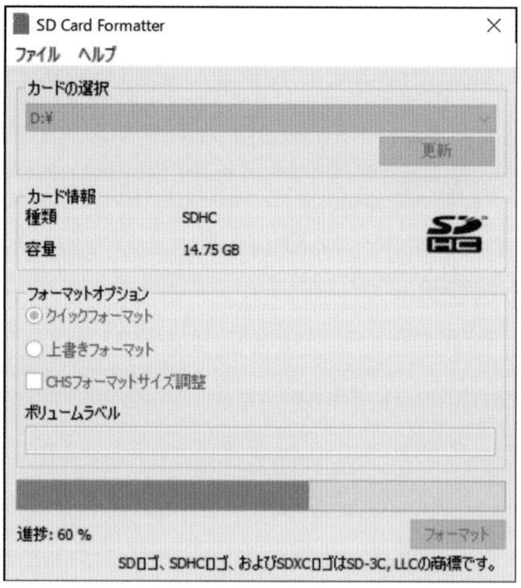

図 1.9 SD Card Formatter による 16 GB の microSD カード（D ドライブ）の初期化

NOOBS をインストールする

初期化済みの空の microSD が準備できたので，カードに Raspberry Pi OS をインストールします．この作業をとても簡単にしたのが Raspberry Pi 財団が提供する NOOBS（New Out Of the Box Software（新しい独創的なソフトウェア）の略）です．以下の手順に従ってください．

1. PC の SD カードスロットに microSD を差して，Raspberry Pi のウェブサイト https://www.raspberrypi.org/ にアクセスします．ページの上にある［Downloads］（ダウンロード）をクリックし，そこから［NOOBS］のリンクをクリックします．最新版の NOOBS をダウンロードしてください．また，軽量（Lite）版は Raspberry Pi がインターネットに接続されていないと設定ができないので，インストールしないでください．［Download ZIP］（ZIP ファイルをダウンロードする）を見つけてクリックします．インターネットの速度によって，ダウンロードには数分から数時間かかります．

【訳注】 NOOBSはRaspberry Pi Imager に移行したので，Raspberry Pi のウェブサイトからダウンロードできなくなっています．[4] から直接ダウンロードしてください．2021 年 10 月現在で，最新版は 2021 年 5 月 28 日にリリースされた v3.7 であり，`NOOBS_v3_7_0.zip`（完全版，2.5 GB）がダウンロードできます．

2. NOOBS のダウンロードが完了したら，ダウンロードフォルダに保存された圧縮ファイルを展開します．Windows では，ファイルを右クリックしてメニューから［すべて展開］を選択し，展開したファイルを保存する場所を選び，［展開］ボタンをクリックします．Mac では，Safari を使ってダウンロードすると，自動的に NOOBS のファイルが展開されます．
3. 最後に，新しくダウンロードした NOOBS ファイルを microSD カードにコピー&ペーストします．そのためには，図 1.10 に示すように，すべてのファイルをマウスで選択して反転させ，それらをコピーし，初期化した microSD カードにペーストします．

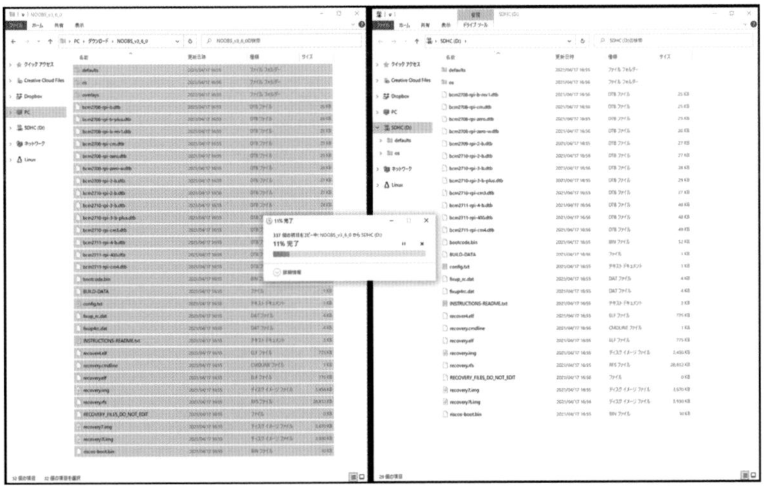

図 1.10 展開したファイルの microSD カードへの転送

これで microSD カードの設定が完了し，PC からカードを取り出すことができます．カードを抜くときは，いきなり外すのではなく，必ずデバイスを右クリックし，コンテキストメニューを経由してください．

Raspberry Pi に機器を接続する

次は，Raspberry Pi の物理的な設定をします．この作業は，無線 LAN とモニター（テレビか PC から拝借したディスプレイ）の両方を使える場所で行いましょう．

1. Raspberry Pi を箱から取り出して，microSD カードを基板の底面にあるスロットに差します（どこにあるのかは図 1.3 を参照）．奥までしっかりと差し込まれていることを確認してください．このとき，Pi 1 B+ や Pi 2 B は「カチッ」という音がしますが，Pi 3 B や Pi 3 B+ 以降では音がしません．
2. Raspberry Pi の USB ポートに USB キーボードと USB マウスを接続します．
3. Pi の HDMI ポートに HDMI ケーブルを差します．HDMI ケーブルのもう一方の端をテレビやモニターに接続し，（もしすでに電源が入っていたらいったんオフした後に）電源を入れます．
4. 5 V の micro USB 電源ケーブルを HDMI ポートの隣にある電源ポートに接続すると，Raspberry Pi が起動します（図 1.11 参照）．LED が次々と点灯し，起動する様子が画面で確認できます．おめでとうございます！ Pi に命を吹き込みました！

図 1.11 最初の配線が済んだ Raspberry Pi

画面に何も表示されない場合は，モニター側の入力の認識が誤っていると思われます．モニターのボタンやリモコンで正しい HDMI 入力を選択してください．一般的な経験則として，モニターに正しく入力を認識させるためには，Pi の電源を入れる前にモニターの電源を入れておくことが重要です！

本書の目的は移動するロボットなのでお勧めしませんが，有線でインターネットに接続したい場合は，イーサネットケーブルを USB ポートの隣にあるイーサネットポートに差し，反対側をルーターやハブに接続します．

画面の右上にいなずまマークが出ることがあります．これは，電源が十分に供給されておらず，システムが不安定になる可能性があるという，Pi からの警告です．この場合はより良い電源，理想的には公式のものを使用してください．

【訳注】 公式の電源は [5] を参照．日本ではスイッチサイエンス [6] などから購入できます．また，Pi 3 B や Pi 3 B+ に最適な AC アダプタも発売されており，スイッチサイエンス [7] や KSY [8] から購入できます．

Raspberry Pi OS をインストールする

Raspberry Pi に接続したモニターに，図 1.12 のように NOOBS のインストール画面が表示されます．さっそく Raspberry Pi OS をインストールして設定しましょう．ものすごく簡単で，あっという間に済みます！

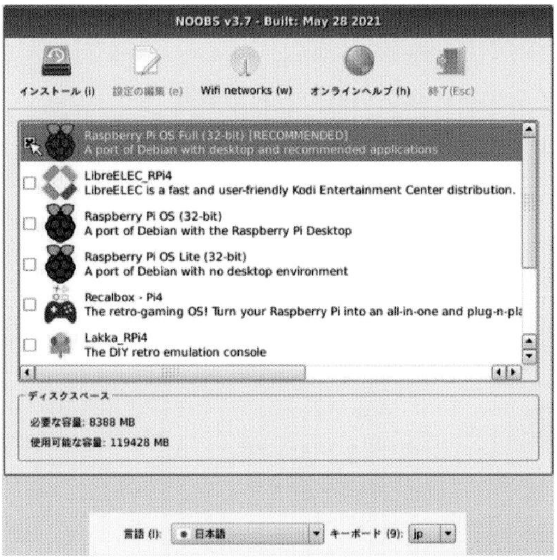

図 1.12 NOOBS のインストール画面

OS をインストールするには，［Raspberry Pi OS Full］オプションの横にあるチェックボックスをクリックし，NOOBS のウィンドウの上にある［インストール］をクリックします．Raspberry Pi OS が解凍され，SD カードが設定されます．のんびりとくつろいで，進捗を見守ってください！

他の Pi OS

NOOBS をインターネットに接続すると，いろいろな Raspberry Pi 用 OS をダウンロードして利用できるようになります．それらには，それぞれ長所と短所があります．例えば，OSMC（Open Source Media Center）は，テレビに接続してメディアセンターとして使用するビデオ再生用ディストリビューションです．本書では一貫して公式の Raspberry Pi OS を使用します．他の OS を試したいときは，Pi を再起動してシフトキーを押し続け，NOOBS の設定画面に戻ります．

インストールが完了すると，Pi が再起動し，図 1.6 に示した Raspberry Pi OS のデスクトップ環境になります．設定ウィザードが自動的に開始され，「Welcome to Raspberry Pi」と表示されます．後ほど，ウィザードからではなく，より詳細に手動で Raspberry Pi の設定をするので，［Cancel］ボタンをクリックしてこのウィザードを終了します．Raspberry Pi OS 環境は，あなたが PC で使う OS とかなり似ていることに気づくと思います．画面の上部にメニューバーがあります．メニューの左側にアプリケーションが集められており（図 1.13），右側に音量や無線 LAN の設定ツールなどのユーティリティがあります．少し時間をとって探ってみてください！

図 1.13　Raspberry Pi メニュー

Raspberry Pi OS を設定する

これより先に進む前に，今やっておくとあとで時間を節約できる Raspberry Pi OS の設定が，2 つあります．いくつかの環境設定を変更することと，無線 LAN の設定をすることです．

Raspberry Pi OS の設定を変更する

Raspberry Pi OS をインストールしたそのままの状態では，いくつか重要な機能がオフになっています．これはセキュリティや効率性を考慮したもので，多くの人には不要だからです．しかし，その中に本書の目的に必要なものがあるので，今ここで有効にしておきましょう．

画面の左上にある Pi のロゴをクリックし，メニューから［設定］⇒［Raspberry Pi の設定］をクリックします．図 1.14 のようなダイアログボックスが表示されるはずです．

図 1.14 ［Raspberry Pi の設定］ダイアログの［システム］タブ

最初にアプリケーションを開くと，［システム］タブが表示されます．ここでは，アカウントのパスワードなどの設定を変更できます．

初期設定では，標準のユーザーが Raspberry Pi に自動的にログインします．標準のユーザーはユーザー名が［pi］で，パスワードが［raspberry］になっています．Raspberry Pi のセキュリティを強化するために，自身で選んだパスワードに変更することをお勧めします．このパスワードは今後ログインするのに必要になりますので，忘れないようにしてください．

次項で無線 LAN を設定する前に，Raspberry Pi にどの国で利用するかを知らせる必要があります．これをするためには，［ローカライゼーション］タブをクリックし，［無線 LAN の国設定］ボタンをクリックします．ドロップダウンメニューから Pi を利用している国を選択してください．

次に，横にある［インターフェイス］タブに移動します．ここから，以下のオプションを［無効］から［有効］に変更します．

- カメラ
- SSH
- VNC

- SPI
- I^{2}C

カメラを有効にすると，公式の Raspberry Pi カメラモジュールに接続できるようになります．これは本書の第 8 章で接続します．SSH と VNC を有効にすると，ローカルネットワーク経由で Pi に遠隔からアクセスできるようになります．ネットワークへの接続方法はすぐ下で説明します．残りの 2 つ（SPI と I^{2}C）はいずれも GPIO ピンの機能に関するもので，本書の後半で紹介します．

これらの設定を有効にしたら，［OK］ボタンをクリックします．再起動する指示があれば再起動してください．

Raspberry Pi をインターネットに接続する

Raspberry Pi を無線 LAN ネットワークに接続する作業は，数分で完了します．前に述べたとおり，物理的なイーサネットケーブルを使って Pi をインターネットに接続することができます．この場合は設定は不要です．しかし，ロボットを動かすためには，ケーブルは邪魔になるので，本書では無線 LAN を使います．

また，本書で使用するソフトウェアやコードを Pi にダウンロードするには，Pi をインターネットに接続する必要があります．

Raspberry Pi 3 Model B+ と Pi Zero W は，どちらも無線 LAN と Bluetooth を搭載しています．これより古いモデルを使用している場合，インターネットに接続するには，USB 無線 LAN ドングルを購入し，Pi の USB ポートに差す必要があります．市販の無線 LAN ドングルには Pi と相性が悪いものもあるので，公式モデルを使うことをお勧めします．公式モデルは https://www.raspberrypi.org/products/raspberry-pi-usb-wifi-dongle/ で購入できます．

【訳注】公式モデルは 2018 年 1 月に生産終了が発表されています．

デスクトップから無線 LAN ネットワークに接続するには，画面の右上にある無線 LAN マークをクリックします．図 1.15 のようにローカルネットワークのドロップダウンメニューが表示されます．自身のネットワークを選択し，パスワードを入力して［OK］ボタンを押します．

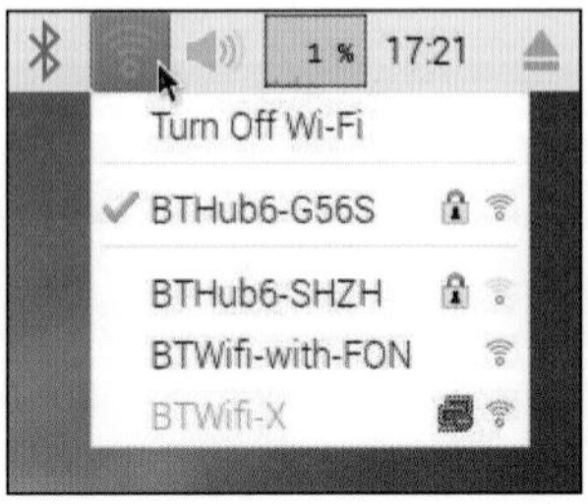

図 1.15 無線 LAN ドロップダウンメニュー

メニューバーアイコンが無線 LAN の強度を示すものに変わり，Pi がインターネットに接続されたことを示します．

素晴らしきターミナルの世界

ターミナル（**もしくはシェル**）は，コンピュータに直接指示を送るためのツールです．具体的には，テキストベースのコマンドを入力し実行できるインタフェースです．これは，最近の OS が採用しており，ご存じの方も多い**グラフィカルユーザーインタフェース**（**GUI**，発音は「グーイー」）とは大きく異なります．GUI を使うと，コンピュータに対する多くの高度な操作を簡単に，そして視覚的なやり方でコンピュータを扱うことができます．これまでに Raspberry Pi や Linux マシンを使ったことがない人には，コンピュータを GUI でしか使ったことがない人もたくさんいるでしょう．

【訳注】 GUI は，日本語では「ジーユーアイ」や「グイ」と発音します．

コンピュータが複雑なグラフィックを扱えるだけの処理能力を持つようになる前は，ユーザーはコマンドラインインタフェースを使ってターミナルのみでコンピュータを操作していました．これはコンピュータとのテキストのみでの対話方法です．コンピュータに何をすべきかを指示するコマンドをテキストで入力すると，コンピュータからの出力がテキストで返ります．

これはコンピュータとやりとりをする方法としては古臭く，あまり役に立たないように聞こえるかもしれませんが，今でもその威力は絶大です．ターミナルを使うと，わずかな文字数で正確なコマンドを効率良く実行できます．本書では，ロボットと対話するのに主に用いる手段として，Raspberry Pi のターミナルを用います．

ターミナルを見て回る

本書を読み進めていくうちに，ターミナルの使い方に慣れ，GUI に慣れた読者も自信を持って操作できるようになります．ひとまず，ターミナルをよく知ってもらうために，ターミナルの機能を簡単に紹介します．

デスクトップからターミナルウィンドウを開くには，左上にある Raspberry Pi のメニューをクリックし，［アクセサリ］⇒［LXTerminal］をクリックします．図 1.16 のような黒いウィンドウが表示されるはずです．まさにこれが私たちがこれから使っていくターミナルです！

【訳注】 LXTerminal の "LX" は Raspberry Pi が使用している軽量デスクトップ環境 LXDE（Lightweight X11 Desktop Environment）の LX を表します．

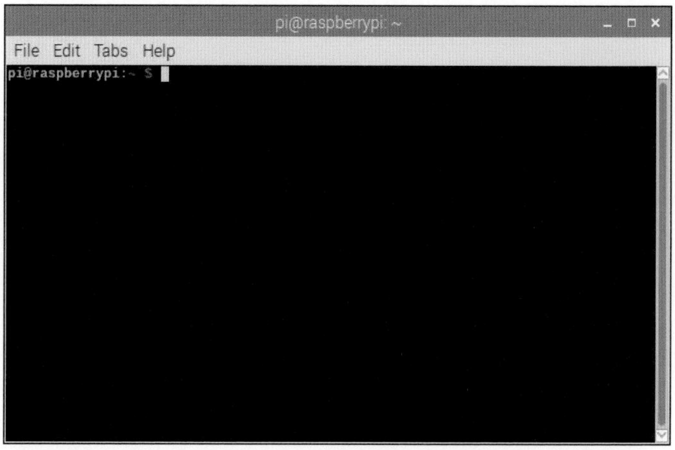

図 1.16 Raspberry Pi のターミナル

ターミナルには，以下のプロンプトが表示されます．

```
pi@raspberrypi:~ $
```

メモ：
Raspberry Pi や Linux での冒険の最中にコマンドがわからなくなったり，あることをターミナルでする方法を知りたいと思ったりしたら，オンラインで検索するのが一番です．ターミナルで何をしたいかにかかわらず，ネット上には作業を教えてくれるヘルプやオンラインマニュアルが充実しています！

プロンプトは Raspberry Pi がテキストコマンドの入力を待って，何かするように促して（prompt）いる状態です．残念ながら，ターミナルは普段使っている言葉（英語やそれ以外の言語）を理解できません．その代わりに**コマンド**を使ってやりとりをします．コマンドとは，ターミナルにどのように動作するかを伝える，あらかじめ定義された文字列です．何千ものコマンドがありますが，全部を覚える必要はないので，心配はいりません．これから簡単なコマンドを紹介します．

例えば Windows のエクスプローラを開くと，記憶装置内のフォルダ構造やその中のファイルを表示し，それらにアクセスすることができます．Raspberry Pi では，ファイルマネージャがそれと同じ機能を提供します．そして，ターミナルでも，異なるフォルダ（**ディレクトリ**とも呼ばれます）にあるファイルにアクセスできます．その違いは，ターミナルのインタフェースはテキストベースだということです．常にどれかのディレクトリの「中に」いて，好きなときにディレクトリを移ることができます．これを試してみるために，いくつかコマンドを使ってみましょう．

ターミナルを開いたとき，最初は Pi のホームディレクトリの中にいます．まず，`ls` コマンドを使って，現在いるディレクトリにどんなファイルやディレクトリがあるかを調べてみましょう．`ls` は現在いるディレクトリの中身を一覧表示（list）します．キーボードを使ってターミナルにこのコマンドを入力し，ENTER キーを押します．

```
pi@raspberrypi:~ $ ls
```

図 1.17 のように，現在いるディレクトリの中にあるディレクトリとファイルの一覧が表示されるはずです．ここで，［アクセサリ］⇒［ファイルマネージャ］と進み，［Pi］ディレクトリを開くと，ターミナルに表示されているものと同じディレクトリが表示されるはずです．

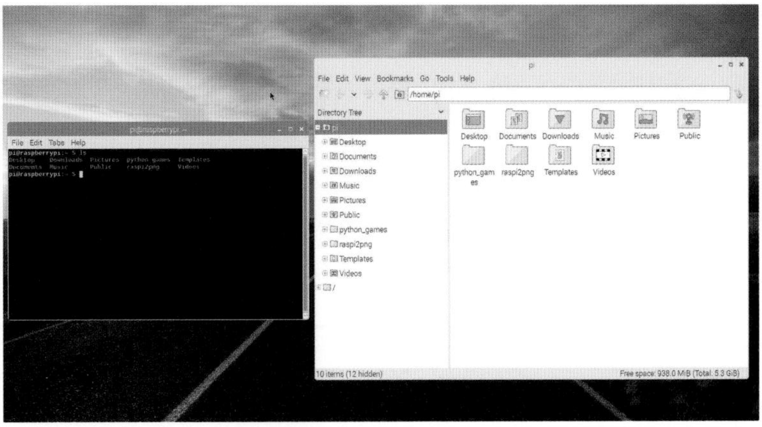

図 1.17 Raspberry Pi ターミナルとグラフィカルなファイルマネージャを並べたもの．同じものを別々の方法で表示している．

ターミナル上で，何色か異なる色が使われていることに気づくと思います．これは項目を素早く識別するのに役立ちます．青色の項目はディレクトリです．鮮やかな緑色の文字はユーザー名で，この場合は標準ユーザーの pi です．

ファイルマネージャでするように，ターミナルでこれらのディレクトリを行き来するには，ディレクトリを変更する（change directory）ことを表す cd コマンドを使います．先ほど ls で一覧表示されたディレクトリを選んで，以下のように入力します．

```
pi@raspberrypi:~ $ cd 選択したディレクトリ
```

「選択したディレクトリ」をディレクトリ名に置き換えます．例えば，次のコマンドで［Documents］ディレクトリに移動します[*]．

```
pi@raspberrypi:~ $ cd Documents
```

【訳注*】 日本語環境でインストールすると，いくつかのディレクトリ名が日本語になります．日本語入力を有効にするには sudo apt install fcitx-mozc を実行してリブートします．CTRL+SPACE で日本語入力をオン・オフできるようになります．また，本書ではディレクトリ名が英語になっていることが前提になっています．ディレクトリ名を英語に変更するには sudo apt install -y xdg-user-dirs-gtk と LC_ALL=C xdg-user-dirs-gtk-update を実行してください．

メモ：
長いディレクトリ名を入力するのは面倒ですし，タイプミスも生じます．これにうまく対処する秘訣が2つあります！1つ目は，cd コマンドや他のファイルに関するコマンドを使うときに，ディレクトリやファイル名の最初の何文字かのあとにタブキーを押すことです．これでディレクトリの名前が自動的に補完されます．試してみましょう．2つ目として，前に実行したことがあるコマンドを再実行したいときや，失敗したコマンドを編集して再実行したいときは，上下の矢印キーでコマンド履歴をスクロールすると便利です．

ターミナルでは大文字と小文字が区別されることを知っておくことが重要です．例えば，d と D は同じではありません．もし Documents の最初の D を大文字にしなかったら，Pi はどこに行きたいか理解できず，エラーを返していたでしょう．

ディレクトリを移動すると，$ プロンプトの前の青色の文字列も変化し，この例では次のように表示されます．

```
pi@raspberrypi:~/Documents $
```

ターミナルは，プロンプトの前に今いるディレクトリを示してくれます．これはとても便利です．

新しいディレクトリで ls を再度入力してその中にどんなファイルやディレクトリがあるかを見てください．私が［Documents］でやったときは，リスト 1.1 のような出力が得られました．

リスト1.1 ターミナルから見た［Documents］ディレクトリ

```
pi@raspberrypi:~/Documents $ ls
BlueJ Projects  Greenfoot Projects  Scratch Projects
```

ご覧のとおり，新しいディレクトリでは異なる内容が表示されています．コマンド cd .. は，1つ上のディレクトリ階層に移動します．この場合は，先ほどいたホームディレクトリに戻ります．

最後に知っておくべき重要なコマンドは，停止（シャットダウン）です．Raspberry Pi には電源スイッチがないので，電源コードを引き抜いて電源を切ります．その前に毎回，OS を安全に停止する必要があります．Pi の電源を切りたいときは，いつもこのコマンドを実行します．

```
pi@raspberrypi:~ $ sudo shutdown -h now
```

このあと，しばらく待ってから電源コードを取り外します．

ls と cd という，Linux ターミナルコマンドの中でも最も便利なコマンドと，電源を切るたびに使うシャットダウンコマンドの仕組みを紹介しました．これらは Raspberry Pi の冒険の中で頻繁に使うことになるでしょう．このほかにも，本書ではさまざまなターミナルコマンドを使用します．それらは順次紹介していきます．

他のコンピュータから Raspberry Pi に接続する

Raspberry Pi の設定は簡単ですが，いつもモニターに接続されていると，ロボットが床を動き回るときに HDMI ケーブルが邪魔になります．そこで，別のコンピュータから無線 LAN 経由で Raspberry Pi に接続して，ロボットに指示する方法を示します．

SSH（Secure Shell の略で，インターネットプロトコルの 1 つ）を使って，同じネットワークに接続されている PC から Raspberry Pi のターミナルに遠隔で接続することができます．それにより，前項でやったのとまったく同じように，PC のコマンドラインにコマンドを入力することで，ロボットに命令することができるようになります．

まず，無線でも有線でもよいので，Raspberry Pi を LAN に接続する必要があります．そして，PC も同じネットワークに接続します．

次に，あとで利用するために，Pi に割り当てられた IP アドレスを知る必要があります．IP アドレス（internet protocol address）は，ネットワークに接続するすべてのデバイスに振られる，その機器固有の数値ラベルです．家の住所のようなものです．Raspberry Pi の IP アドレスを調べるには，ターミナルを開いて次のコマンドを入力します．

```
pi@raspberrypi:~ $ ifconfig
```

これにより，大量の文字列が出力されます．わかりにくいかもしれませんが，IP アドレスがそこにあります．無線でネットワークに接続している場合，`wlan0` の項目まで下にスクロールして，`inet` の後ろの数字を見てください．それが IP アドレスです．私の環境では図 1.18 のようになりました．有線で接続している場合は，`eth0` の項目の下に IP アドレスが見つかります．いずれにしても，出力の中で `inet 192.168.1.221` のようなピリオドで区切られた文字列を探すだけです．

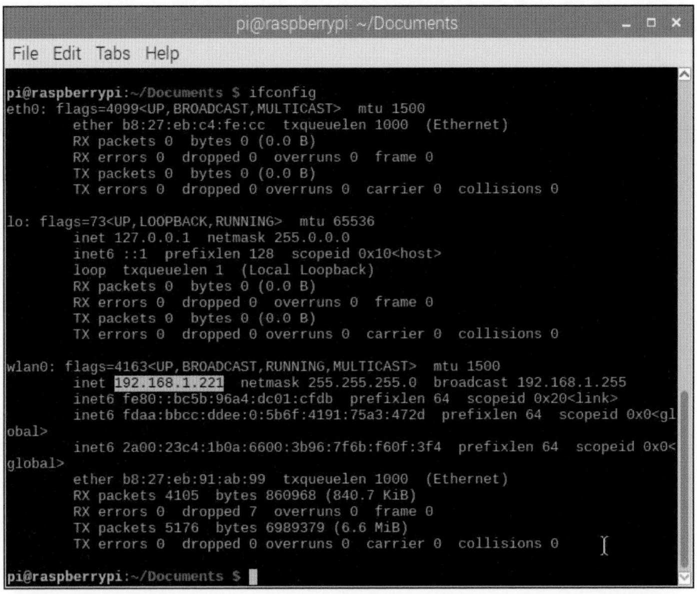
pi@raspberrypi: ~/Documents
File Edit Tabs Help
pi@raspberrypi:~/Documents $ ifconfig
eth0: flags=4099<UP,BROADCAST,MULTICAST> mtu 1500
ether b8:27:eb:c4:fe:cc txqueuelen 1000 (Ethernet)
RX packets 0 bytes 0 (0.0 B)
RX errors 0 dropped 0 overruns 0 frame 0
TX packets 0 bytes 0 (0.0 B)
TX errors 0 dropped 0 overruns 0 carrier 0 collisions 0
lo: flags=73<UP,LOOPBACK,RUNNING> mtu 65536
inet 127.0.0.1 netmask 255.0.0.0
inet6 ::1 prefixlen 128 scopeid 0x10<host>
loop txqueuelen 1 (Local Loopback)
RX packets 0 bytes 0 (0.0 B)
RX errors 0 dropped 0 overruns 0 frame 0
TX packets 0 bytes 0 (0.0 B)
TX errors 0 dropped 0 overruns 0 carrier 0 collisions 0
wlan0: flags=4163<UP,BROADCAST,RUNNING,MULTICAST> mtu 1500
inet 192.168.1.221 netmask 255.255.255.0 broadcast 192.168.1.255
inet6 fe80::bc5b:96a4:dc01:cfdb prefixlen 64 scopeid 0x20<link>
inet6 fdaa:bbcc:ddee:0:5b6f:4191:75a3:472d prefixlen 64 scopeid 0x0<gl
obal>
inet6 2a00:23c4:1b0a:6600:3b96:7f6b:f60f:3f4 prefixlen 64 scopeid 0x0<
global>
ether b8:27:eb:91:ab:99 txqueuelen 1000 (Ethernet)
RX packets 4105 bytes 860968 (840.7 KiB)
RX errors 0 dropped 7 overruns 0 frame 0
TX packets 5176 bytes 6989379 (6.6 MiB)
TX errors 0 dropped 0 overruns 0 carrier 0 collisions 0
pi@raspberrypi:~/Documents $

図 1.18 ifconfig コマンドの出力．Wi-Fi で接続した私の Pi の IP アドレスを強調表示している．

ご覧のとおり，IP アドレスは 192.168.1.221 です．この情報は別のデバイスから Pi に接続するために使用するので，あなたの Pi の IP アドレス（おそらく似たような感じになるでしょう）をメモしておいてください．

次に，PC で SSH 接続の設定をする必要があります．SSH は，Linux ディストリビューションや macOS には組み込まれていますが，Windows の場合は他社製のソフトウェアが必要です．以下で，Windows と Mac から Pi に接続する手順を説明しますので，あなたの PC に合ったところを読んでください．

Windows で SSH を使う

Windows で必要なフリーウェアは，PuTTY というものです．インストールは簡単で，数分で完了します．

【訳注】日本語化など機能拡張をした PuTTY は [9] から入手できます．

1. Windows PC でウェブブラウザを開き，https://www.putty.org/ にアクセスして，リンクをたどってダウンロードページに進みます．ご自身のマシンに合わせて，32 ビット版か 64 ビット版を選び，インストーラをダウンロードします．
2. インストーラを起動し，手順に従って PuTTY をインストールします．

3. インストールが終了したら，PuTTY を開きます．スタートメニューに PuTTY のショートカットがあるはずです．アプリケーションを開くたびに，図 1.19 にあるようなダイアログボックスが表示されます．

図 1.19 PuTTY アプリケーションの設定ダイアログボックス

4. Raspberry Pi に接続するために，［ホスト名（または IP アドレス)］というラベルがついたフィールドに Pi の IP アドレスを入力します．［ポート］は通常は 22 のままにします．［接続タイプ］で SSH が選択されていることを確認してください．［開く］をクリックして接続を開始します．
5. 新しい Pi に初めて接続するときは，おそらくセキュリティの警告が表示されるでしょう．［はい］を押して同意します．その後，パスワードの入力を促すプロンプトが表示されます．Pi のパスワードを入力して ENTER キーを押します．以前にパスワードを変更していなければ，パスワードは初期値の［raspberry］でしょう．

図 1.20 に示すように，これで Raspberry Pi のターミナルが PC から使えるようになりました．前項で学んだコマンドを試してみましょう！

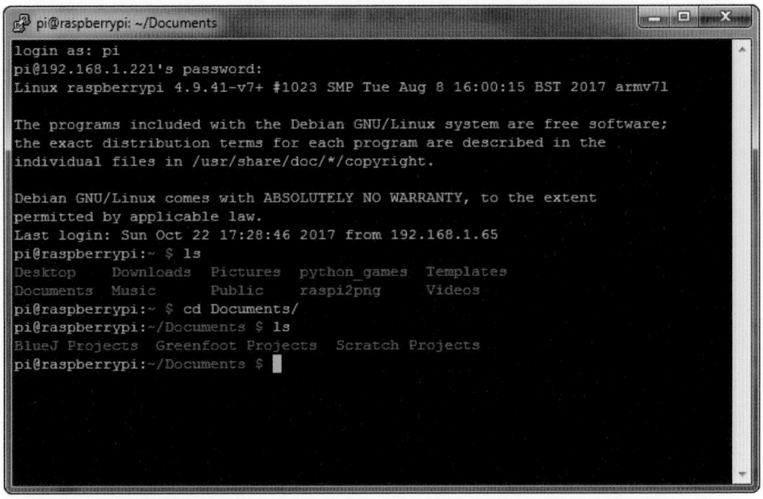
pi@raspberrypi: ~/Documents
login as: pi
pi@192.168.1.221's password:
Linux raspberrypi 4.9.41-v7+ #1023 SMP Tue Aug 8 16:00:15 BST 2017 armv7l
The programs included with the Debian GNU/Linux system are free software;
the exact distribution terms for each program are described in the
individual files in /usr/share/doc/*/copyright.
Debian GNU/Linux comes with ABSOLUTELY NO WARRANTY, to the extent
permitted by applicable law.
Last login: Sun Oct 22 17:28:46 2017 from 192.168.1.65
pi@raspberrypi:~ $ ls
Desktop Downloads Pictures python_games Templates
Documents Music Public raspi2png Videos
pi@raspberrypi:~ $ cd Documents/
pi@raspberrypi:~/Documents $ ls
BlueJ Projects Greenfoot Projects Scratch Projects
pi@raspberrypi:~/Documents $

図 1.20 PuTTY シェル

macOS で SSH を使う

Mac で SSH を使う場合は，追加のソフトウェアは必要ありません．代わりに，Mac 独自のターミナルプログラムを使うことができます！

1. Mac のどこからでもよいので，コマンドキーとスペースキーを同時に押して Spotlight 検索を開きます．［terminal］と入力して ENTER キーを押します．四角形のコマンドラインが表示されるはずです．
2. Raspberry Pi に接続するために，ターミナルに以下のコマンドを入力します．その際に「IP アドレス」を先ほどメモした実際の IP アドレスに書き換えます．

```
$ ssh pi@IPアドレス
```

図 1.21 にあるように，入力したコマンドは以下のとおりです．

```
$ ssh pi@192.168.1.221
```

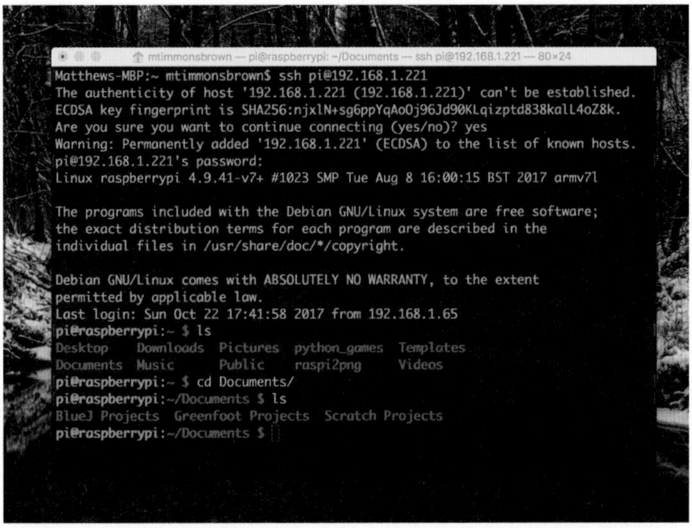
mtimmonsbrown — pi@raspberrypi: ~/Documents — ssh pi@192.168.1.221 — 80×24
Matthews-MBP:~ mtimmonsbrown$ ssh pi@192.168.1.221
The authenticity of host '192.168.1.221 (192.168.1.221)' can't be established.
ECDSA key fingerprint is SHA256:njxlN+sg6ppYqAoOj96Jd90KLqizptd838kalL4oZ8k.
Are you sure you want to continue connecting (yes/no)? yes
Warning: Permanently added '192.168.1.221' (ECDSA) to the list of known hosts.
pi@192.168.1.221's password:
Linux raspberrypi 4.9.41-v7+ #1023 SMP Tue Aug 8 16:00:15 BST 2017 armv7l
The programs included with the Debian GNU/Linux system are free software;
the exact distribution terms for each program are described in the
individual files in /usr/share/doc/*/copyright.
Debian GNU/Linux comes with ABSOLUTELY NO WARRANTY, to the extent
permitted by applicable law.
Last login: Sun Oct 22 17:41:58 2017 from 192.168.1.65
pi@raspberrypi:~ $ ls
Desktop Downloads Pictures python_games Templates
Documents Music Public raspi2png Videos
pi@raspberrypi:~ $ cd Documents/
pi@raspberrypi:~/Documents $ ls
BlueJ Projects Greenfoot Projects Scratch Projects
pi@raspberrypi:~/Documents $

図 1.21 Mac のターミナルで SSH 接続した様子

3. 新しい Pi に初めて接続する場合，おそらくセキュリティに関する警告が表示されるので，［yes］と入力して同意してください．それから，Raspberry Pi のパスワードを入力して ENTER キーを押します．以前にパスワードを変更していなければ，初期パスワードは［raspberry］です．

これで Mac から Raspberry Pi のターミナルが使えるようになりました！ 前項で学んだコマンドを試してみてください！

プログラミングとは？

もう少しでロボットをつくり始めることができます！ この節では，プログラミングの概念をいくつか紹介します．

プログラミングとは，コンピュータにある仕事をさせるために一連の命令を記述する作業です．プログラミングの対象はゲームやアプリケーションなどさまざまで，本書ではロボットを対象にします．コンピュータやプログラミングでできることは膨大で，それを制限するのは，あなたの想像力だけです！

本書では，Raspberry Pi に電子部品を配線し，それを思いどおりに動かすためのプログラミングを行います．今までにプログラミングをしたことがない方でも大丈夫です．本書を読み進めていくうちに，そのために必要なことが身についていきます．うまく動かなくて困ったときは，https://nostarch.com/raspirobots/ から必要なコードをダウンロードすることもできます．

Python 入門

プログラミング言語にはさまざまな種類があり，それぞれ長所と短所があります．本書では，Python と呼ばれるプログラミング言語を利用します．Python は他のプログラミング言語より人間の言葉に近い，理解しやすくて強力な高水準言語です．

Python プログラムを書いて，ターミナルから実行することになります．つまり，Raspberry Pi に直接モニターを接続しなくても，別の PC から SSH を使って Raspberry Pi 上でプログラムを書いて実行できるということです．

初めての Python プログラムを書く

最初のプログラムとして，ギークの伝統である，「Hello, world!」を出力（つまり表示）するプログラムをつくります．これは Python プログラムを書いて実行する手順をつかむための単純な課題です．

1. ターミナルから次の行を入力します．

```
pi@raspberrypi:~ $ mkdir robot
```

2. このコマンドは Python プログラムを保存する［robot］という新しいディレクトリをつくります．今後はすべてのプログラムをこのディレクトリに保存します．次のコマンドで新しいディレクトリに移動します．

```
pi@raspberrypi:~ $ cd robot
```

3. 次に，新しい［robot］ディレクトリで次の行を入力します．

```
pi@raspberrypi:~/robot $ nano hello_world.py
```

4. Nano は**テキストエディタ**です．テキストエディタはテキストが含まれるファイルを作成したり，確認したり，変更したりできるソフトウェアです．Nano は他のウィンドウを開くことなく，ターミナルでプログラムを作成し，編集することができます．このコマンドは，Nano を使って `hello_world.py` という新しいファイルを作成します．ファイルの拡張子 `.py` は，Nano にこのファイルがPython プログラムだということを知らせます．このコマンドを入力すると空の hello_world.py が作成され，［robot］ディレクトリに保存されます．現在，このファイルはターミナル内で開かれています．

5. 次の1行の Python コードを入力します．

```
print("Hello, world!")
```

6. print() コマンドは Python の関数です．プログラミングでは，タスクを実行する命令を**関数**と呼びます．print() は，引数として渡した文字列を単にターミナルに出力するだけの関数です．この場合，引数"Hello, world!"を渡しています．プログラミングでは，2つの二重引用符に囲まれた文字の並びを**文字列**と呼びます．
7. 1行のプログラムが完成したので，Nano を終了し，作業を保存しなければなりません．Nano でこれを実行するには，CTRL+X を押します．そうすると，変更した内容を保存するかどうかを聞かれます．Y を押して承諾します．Nano はこれらの命令を保存したいファイル名，この例では hello_world.py を聞いてきます．ENTER を押して確認します．これで，コマンドラインに戻るはずです．
8. プログラムを作成したので，今度は実行しなければなりません．ターミナルから Python プログラムを実行するには，python3 に続けて実行するファイル名を入力するだけです．プログラムを実行するために，以下を入力してください．

```
pi@raspberrypi:~/robot $ python3 hello_world.py
```

図 1.22 のように，ターミナルウィンドウに文字列「Hello, world!」が表示されます．

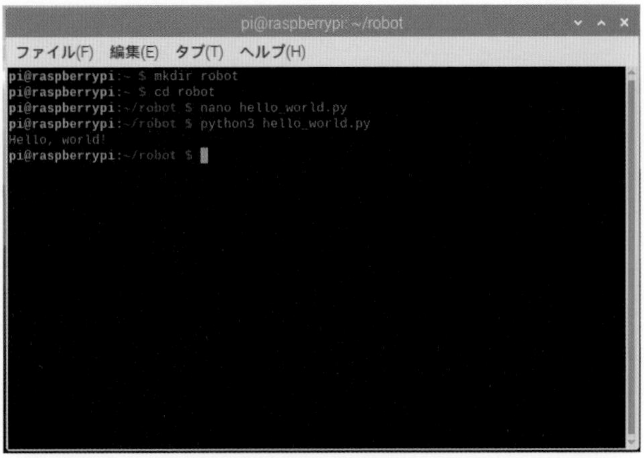

図 1.22 初めての Python プログラムの出力

コマンド python3 hello_world.py に“3”が入っていることに気づいたかもしれません．これは，Python 2 ではなく Python 3 を使ってプログラムを実行することを Pi に伝えています．Python 3 は Python の最新版で，バージョン 2 もまだ多く使われていますが，Python 3 を使うのが望ましいとされています．大きな違いはありませんが，両者の間にはいくつか構文や機能に違いがあります．本書ではすべてのプロジェクトで Python 3 を使用します．

まとめ

本章では多くのことを説明してきました．新しい Raspberry Pi の特徴を知り，Pi を入手して設定し，ターミナルと Python プログラミングを体験しました．その間に，microSD カードの設定や各種装置の接続，OS のインストールと設定，無線 LAN 経由での Pi の操作を行いました．

次の章では，電子工学や電気の基礎を説明し，LED を点滅させるなど，簡単な工作を伴う小さなプロジェクトを進めます．これで，ロボットをつくる前に必要な基礎知識を身につけることができます！

第2章
電子工学の基礎

電子工学は，電気エネルギーを制御・操作して，有用な働きをさせる科学です．ライト，センサー，モーターなどの電子部品をきちんと思いどおりに動かすのが目的です．

イノベーションの多くは，電子工学のさまざまな分野に由来します．最も興味深いのは，ロボット工学への影響です．ロボットをつくるためには，電子工学の基礎を理解し，その知識を自分の意のままに操れなければなりません！ 本章では，電子工学を初めて体験していただくために，2つのプロジェクトを用意しています．1つ目はLED（発光ダイオード）を一定の間隔で点滅させるプロジェクト，2つ目は，ボタンを繋いで，それを押すとターミナルにメッセージを表示させるプロジェクトです．どちらのプロジェクトも，あっという間に完成します！

電気とは？

電気は私たちの生活の中で頻繁に使われています．家の中の照明，テレビ，トースター，Raspberry Pi ロボットのモーターなど，さまざまな電気部品や電化製品に電力が使われています．しかし，そもそも電気とは何でしょうか？

電気の始まりは**原子**です．あなたも含め，世界に存在するすべてのものは何十億もの小さな原子からできています！ 理科の授業で習ったかもしれませんが，原子自体は**陽子**，**中性子**，**電子**の3つの粒子で構成されています．図2.1に示すように，陽子と中性子が原子の**核**を形成し，その周りを電子が回っています．

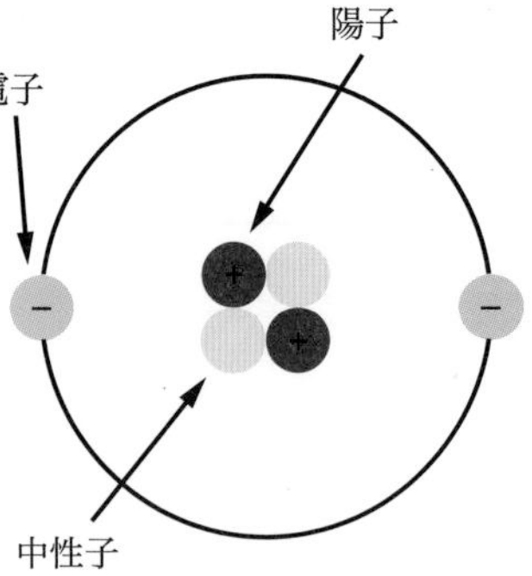

図 2.1 原子構造

陽子と電子はそれぞれ**電荷**を持っており，これらが物質の基本的な性質をなします．陽子は正の電荷を帯び，電子は負の電荷を帯びています．中性子は電荷を持たず，つまり中性です．「正反対同士は引き合う」というのを聞いたことがあるかもしれませんが，それがここでも当てはまります．陽子と電子は逆の電荷を持つため，互いに引き寄せられてくっつき，身の回りにある，あらゆるものを構成する原子を形成します．

原子には，さまざまな**元素**からなる配列があります．各元素は，原子が含む陽子，電子，中性子の数によって定義されています．例えば，銅元素は通常，陽子が 29 個，中性子が 35 個で，金元素は陽子が 79 個，中性子が 118 個です．銅，金，鉄のような金属は，すべて密集した原子の集合体です．これらの物質の中には，エネルギーが与えられると，ある原子の電子が隣の原子に移動するという**導電性**を持つものがあります．これにより，物質の中に電荷が流れて，**電流**になります．一定の時間に物質内のある点を通過する電子の数が電流の大きさであり，単位は**アンペア**（A）です．

電流が流れるためには，完全な**回路**でなければなりません．回路とは，電流が流れる輪っかのように閉じた経路のことです．電気が通るためには，回路が導電性の物質でできている必要があり，回路にすきまがあると電気が流れません．

回路には，電流を「押し流す」ためのエネルギー源が必要です．これには電池，太陽電池パネル，電源など，さまざまなものがあります．重要なのは，これらのエネルギー源が**電圧**と呼ばれる**電位差**をもたらすことです．電圧とは，導線のような導体に電子を押しつける力のことで，その強さの単位は**ボルト**（V）です．

電源には正と負の端子があります．図 2.2 のような単純な回路では，電池の端子は太い銅線で繋ぐことができます．電子は負の電荷を帯びているため，電池の正の端子に引きつけられ，電圧に押されて負の端から正の端に移動します．

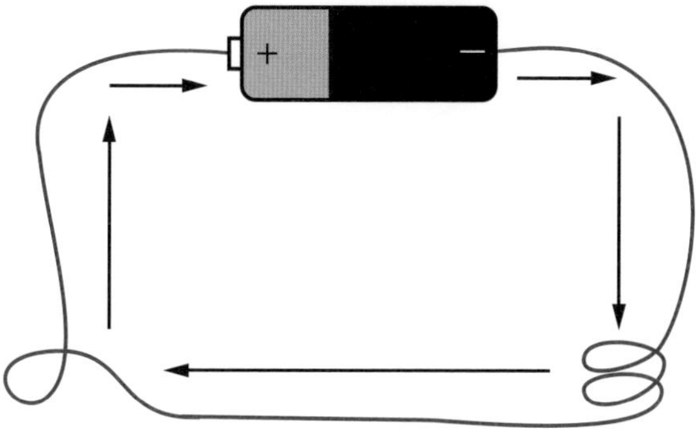

図 2.2 電池の正の端子と負の端子に接続された太い線を流れる電荷

電子は「負から正」に流れますが，電流は「正から負」に流れると考えるのが慣例です．回路に繋がれる電池は，一定の電圧を持ちます．この電圧を上げれば，より多くの電子が回路上で押し流され，電流も大きくなります．逆に，電圧を下げれば，回路上で押し流される電子が少なくなり，電流は小さくなります．

抵抗

回路と電圧・電流を理解したところで，回路のもう 1 つの要素である**抵抗**も理解しなければなりません．簡単に言うと，抵抗は電流を減らします．現実の環境では，どんな物質もある程度の抵抗を持っており，その大きさは**オーム**（Ω）で表されます．抵抗について考える 1 つの方法は，水道管を想像することです．水道管を流れる水は銅線を流れる電流のようなものです．水道管の片方の端がもう片方の端より高い位置にあるとします．水道管の高いほうの端にある水は，低いほうの端にある水よりも大きなエネルギー（位置エネルギー）を持っています．もし水道管が水平であれば，何か力を加えない限り水は流れません．水道管がわずかに傾斜していれば，小さな流れが起きます．実際に流れる量は，両端の高さの違いと水道管の太さに左右されます．水道管の高低差は電位差，つまり電圧のようなものです．

一方，抵抗とは，水道管を圧迫して細くしてしまう外力のようなものです．圧迫されればされるほど，そこを流れる水は少なくなります（図 2.3 参照）．これにより，回路に流れる電流は少なくなります．

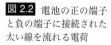

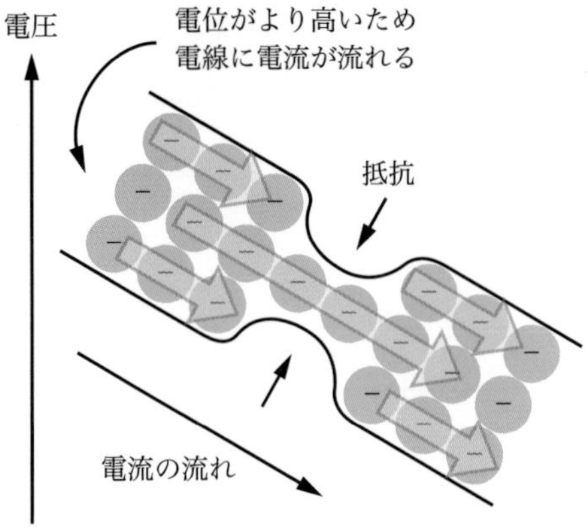

図 2.3 抵抗の意味．抵抗は回路を流れる電流の量を減らす．

このように，電気回路を構成するのは，電圧，電流，抵抗の 3 つです．どれもかなり密接に繋がっているように見えますね．きっと，これらに関する何らかの「数学的な」関連性，つまり「法則」があると思いませんか？ そのとおりです．

オームの法則

オームの法則は電圧，電流，抵抗の関係を表すもので，「導体にかかる電圧はそこを流れる電流に比例する」ことを示します．

それが何を意味しているのか，分解して考えてみましょう．回路内の電圧は抵抗に電流をかけたものと一致します．ここで，V は電圧を，I は電流を，R は抵抗を表すものとして使います．すると，電圧の式は次のように書けます．

$$V = I \times R$$

他の数学の方程式と同様に，これを並べ替えることで，他の変数を表す式を求めることができます．例えば，上の式から，回路に流れる電流は，電圧を抵抗で割った値と等しいことがわかります．電流と抵抗を表すように変数を並べ替えると，次のような方程式が得られます．

$$I = \frac{V}{R}$$

$$R = \frac{V}{I}$$

ちょっとわかりにくいかもしれませんが，ご心配なく！ 実際に回路をつくってみると，納得できます．さっそくつくってみましょう！

LEDを点滅させる：Raspberry PiのGPIO出力

最初に書くプログラムが伝統的に「Hello, world!」であるのに対し，電子工学で伝統的に最初に行うプロジェクトは，LED を点滅させることです．というのは，GPIO ピンを出力として使用する方法を，簡単に体験できるためです．

【訳注】日本では，L チカ（「LED をチカチカさせる」の略）とも呼ばれます．

まず，LED とは何でしょうか？　LED は light-emitting diode（**発光ダイオード**）の略で，電流が流れると光を発する部品のことです．LED は昔の電球の現代版で，消費電力が少なく，熱くならず，寿命が長いという特徴があります．

部品リスト

1 つ目のプロジェクトには，先に設定した Raspberry Pi のほかにもいくつかの部品が必要になります．

メモ：
これらの部品の購入先については，「はじめに」の「使用部品」(p.4) を確認してください．

- ブレッドボード
- （好きな色の）LED
- 適当な抵抗
- ジャンパワイヤー

これらの部品を配線する前に，それぞれの仕組みと必要性について説明します．

ブレッドボード

ブレッドボードは，電子部品を**はんだ付け**（部品を永久に融合させる方法．「はんだ付け」(p.206) を参照）することなく接続するためのボードです．ブレッドボードの穴に部品を差すだけで接続できるので，回路を試作するのに適しています．ブレッドボードの穴の間隔は 0.1 インチ (2.54 mm) に統一されており，この寸法に合った部品であれば問題なく差すことができます．穴（**ポイント**とも呼ばれます）の数が異なるさまざまなサイズのブレッドボードがあります．図 2.4 のような 400 穴のブレッドボードをお勧めします．

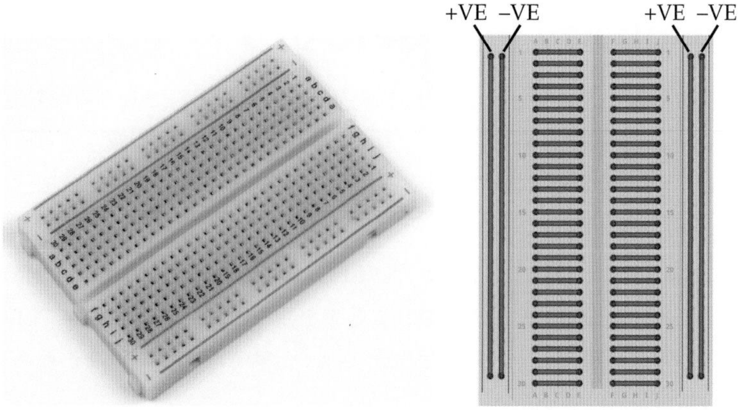

図 2.4 400 穴のブレッドボード（左）と，行と列の接続（右）

図 2.4 の右図から，ブレッドボードの行や列が金属帯板とどのように内部接続されているかがわかります．例えば，ある部品をある行に差し，別の部品を同じ行に差すと，それらは回路として繋がります．

LED

LED には，さまざまな形，大きさ，色があります．幸いなことに，それらは信じられないほど安価です．特に多数の LED をセットで購入すると，1 個当たりの単価はわずかな金額になります．図 2.5 に示すように，ブレッドボードに差し込める 2 本の足があります．

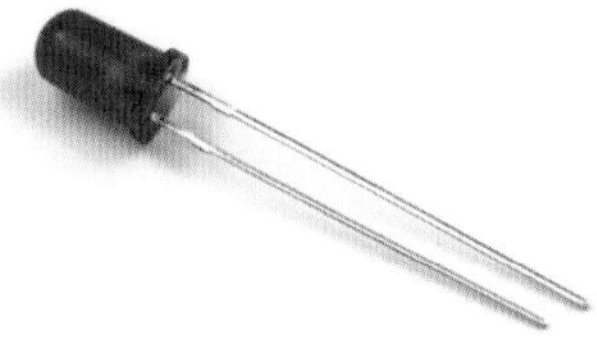

図 2.5 青色の LED

あなたの好きな色の LED を購入してください．私は青色にしました．購入する際は LED の電圧仕様を必ず確認し，点灯させるのに必要な電圧が 3.3 V 以下であるものを選んでください．これは**順方向電圧**と呼ばれます．この情報は通常，インターネットで見つかる LED の一覧から得られます．私の LED の順方向電圧は 3 V です．Raspberry Pi の GPIO ピンが供給する電圧は 3.3 V なので，例えば LED の順方向電圧が 5 V だと Pi は LED を光らせることができません！

LED の順方向電流も調べる必要があります．**順方向電流**は部品に流す推奨電流のことです．私の LED の推奨順方向電流は 38 mA（ミリアンペア．アンペアの 1,000 分の 1），すなわち 0.03 A です．この推奨値よりも電流が少ないと，LED はあまり明るく光りません．また，流れる電流が多すぎると，LED が爆発するかもしれません（そのときは小さな破裂音がします）．この情報も，インターネットにあるリストからたいてい得られます．LED の仕様がよくわからないという方も安心してください．小さく安価な LED は，私たちの用途には通常問題ありません．もし LED に関する情報がまったくなければ，以下を読み進める際，順方向電圧が約 2 V，順方向電流が約 20 mA の LED を使っていると仮定してください．

抵抗

LED に過負荷がかかるのを防ぐため，**抵抗**を利用します．どんな物質にも抵抗はありますが，抵抗器は回路内で純粋な抵抗を与えるように設計されています．

LED に限らず，ほとんどの部品は，自身を流れる電流の大きさに非常に敏感です．もし，LED を直接電池に接続し，抵抗なしで回路をつくったとすると，LED が過熱するくらいに流れる電流が大きくなります．これが起きるのを防ぐために，抵抗で LED に流れる電流を少なくします．

抵抗にはさまざまな値のものがあり，図 2.6 のような色の帯により，それらの値が示されています．帯が示す値については，「抵抗値の計算方法」（p.204）をご覧ください．

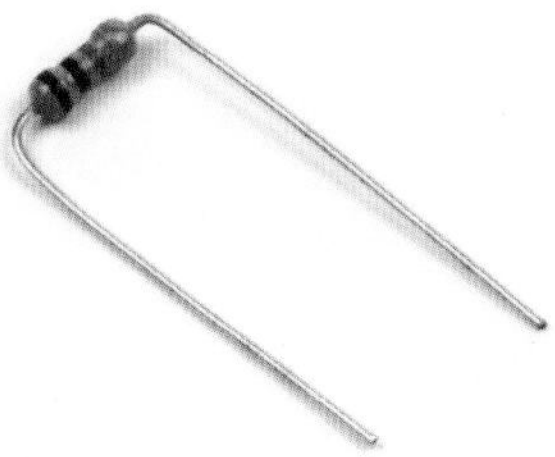

図 2.6 抵抗

必要な抵抗を見つけるには，オームの法則を適用しなければなりません！ 前に見た方程式から，抵抗は電圧を電流で割ったもの，つまり $R = V/I$ です．このプロジェクトでは，電圧は Pi が供給する電圧 (3.3 V) と LED の順方向電圧との差になります．言い換えると，全体の電源電圧から LED の電圧を「引いた」ものです．私の場合は $3.3\,\mathrm{V} - 3\,\mathrm{V} = 0.3\,\mathrm{V}$ です．自分の LED の順方向電圧がわからない人は，2 V を使ってください．

電流は LED の順方向電流です．私の場合は 0.03 A でした．この値はアンペアで，ミリアンペアではないことに注意してください！

メモ：
通常は，本のようにまとめられている抵抗セットを購入することをお勧めします．そうすれば，あらゆる場面で必要な抵抗を選択でき，その都度購入する必要がなくなります．

電流を 0.03 A に下げるのに必要な抵抗の値は，単純な計算で 0.3/0.03 = 10 と求められます．つまり，約 10 Ω の抵抗が必要になるということです．多くの場合，計算で得た値にぴったりの抵抗はありません．それでも構いません．ほとんどの場合，それに最も近い値の抵抗を使えばよいのです．私が使った LED では，運良く必要な値にぴったり合った抵抗がありました．私が使うのは，図 2.6 の 10 Ω の抵抗です．

LED の順方向電圧や順方向電流が不確かな場合は，安全を優先して，ひとまず 100 Ω 以上の抵抗を回路に入れましょう．そして，LED が暗すぎる場合は，適切な明るさになるまで抵抗を小さくします（目が痛くならない程度の明るさが目安です）．逆のやり方を試さないでください．LED が破裂してしまいます！

ジャンパワイヤー

最後に，すべてのものを接続するワイヤーが必要です．具体的には，Pi の GPIO ピンと部品を接続できるブレッドボード向けの**ジャンパワイヤー**です．図 2.7 にジャンパワイヤーの例を示します．

図 2.7 ジャンパワイヤーの束

ジャンパワイヤーの端には，**オス** (male) と**メス** (female) があります．オス側（M と略されます）にはブレッドボードの穴に差せるワイヤーが突き出ています．メス側（F と略されます）には逆にワイヤーを差せる穴が開いています．どんな状況にも対応できるように，全種類のジャンパワイヤーを購入しておくことをお勧めします．本書の中でもジャンパワイヤーをたくさん使用します！ 図 2.7 には，オス–オス（M-M），オス–メス（M-F），メス–メス（F-F）のジャンパワイヤーが含まれます．LED を点滅させるためには，2 本のオス–メスジャンパワイヤーが必要になります．

LED を配線する

部品が揃ったので，LED を配線して，最初の回路をつくってみましょう！ 図 2.8 に示すように回路を配線します．この図を見ながら作業を進めましょう．

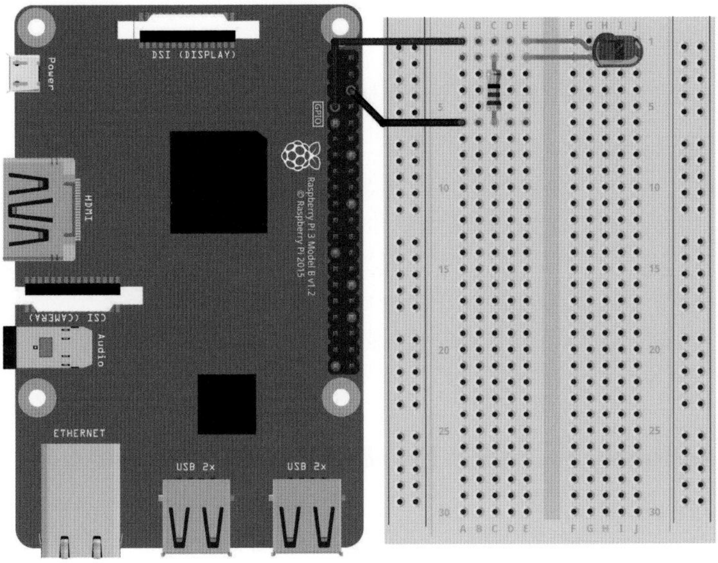

図 2.8 ブレッドボードを使った LED の回路図

お持ちのブレッドボードによっては，回路が若干異なる場合があります．正しく接続するには，以下の手順に従ってください．

1. LED のそれぞれの足が別の行になるように，LED をブレッドボードに差します．もし LED の足を同じ行に差すと，LED の足同士が繋がってしまい，他のものと繋がりません．LED には正側と負側があり，電流の流れに合わせて差す必要があります．LED の長いほうの足（**アノード**と呼ばれる）を正側に，短いほうの足（**カソード**と呼ばれる）を負側に差します．LED 電球は通常，カソード側に平らな部分があるので，それでもわかります．
2. 抵抗の一方の足を，LED の短いほうの足を差したのと同じ行に差します．抵抗の足を LED と同じ行に差すことで，回路上で両者が繋がれます．抵抗のもう一方の足をブレッドボードのどこか別の場所に接続します．
3. 次に，Raspberry Pi の電源を切った状態で，オス–メスのジャンパワイヤーのオス側を LED の長いほうの足と同じ行に差し，次に，GPIO/BCM ピン 4（画像は「Raspberry Pi の GPIO ピン配置図」(p.202) を参照）と呼ばれる Raspberry Pi 上の物理ピン 7 に，ジャンパワイヤーのメス側を差します．

【訳注】BCM は Broadcom の略称．

4. 最後に，もう1つのオス-メスジャンパワイヤーのオス側を，抵抗の足だけを差した（LEDは差していない）行に差します．そして，そのジャンパワイヤーのメス側をRaspberry Piの物理ピン6に差します．これはGND（グランド）ピンの1つです．GNDは電池の負端子と考えることができ，電圧が低い側に当たります．

GPIOピンのいろいろな名前

Raspberry PiのGPIOピンには，参照するためのいくつか名前があります．まず，ピンの配置を示す物理的な数字から参照することができます．しかし，Raspberry Piのプロセッサはこの数字は使わず，BCM番号と呼ばれる番号で扱います．この例では，LEDを物理ピン7に配線していますが，これはBCMピン4です！ GPIOピンの配置については，「Raspberry PiのGPIOピン配置図」（p.202）を参照してください．

Raspberry PiでLEDを点滅させるプログラムを書く

回路の配線が完了したので，いよいよLEDを点滅させるプログラムを書きましょう！ Raspberry Piを起動して，ログインしてください．

ターミナルで，ホームディレクトリから，第1章でつくったディレクトリに移動します．

```
pi@raspberrypi:~ $ cd robot
```

次に，新しいファイルを作成し，LEDを制御するPythonプログラムを書きます．ファイル名は好きなものを選んでください．ただし，ファイル名の末尾は必ず`.py`で終わる必要があります．私は`blink.py`と名づけました．この場合，以下のコマンドで新しいファイルを作成し，Nanoテキストエディタを開きます．

```
pi@raspberrypi:~/robot $ nano blink.py
```

第1章で見たのと同じNanoテキストエディタが表示されます．

LEDを点滅させるためにリスト2.1のコードを入力します（丸数字は実際のプログラムには入れませんが，あとから参照するために使っています）．

リスト2.1 LED を点滅させるプログラム

```
❶import gpiozero
 import time

❷led = gpiozero.LED(4)

❸while True:
    ❹led.on()
    ❺time.sleep(1)
    ❻led.off()
    ❼time.sleep(1)
```

この 8 行の Python プログラムは，1 行ずつ見ていくと容易に理解できます．Python は**インタプリタ型**のプログラミング言語で，Raspberry Pi（もしくは他のコンピュータ）はこのプログラムを先頭から 1 行ずつ順に実行します．では，リスト 2.1 を順に見ていきましょう．

Python にはさまざまな機能が組み込まれています．例えば，第 1 章では，Python が最初から組み込まれている `print()` 関数を使って，ターミナルに文字列を出力しました．ほかにも Python 自体でできることはたくさんありますが，一部の機能は外部から取り込む必要があります．例えば，Python 自体は Pi の GPIO ピンを操作できないので，GPIO Zero と呼ばれるライブラリを取り込みます（❶）．プログラミングにおいて，**ライブラリ**はプログラムで使える機能を集めたものです．ライブラリを取り込むことで，そのライブラリが提供する機能をプログラムに取り込むことができます．GPIO Zero ライブラリは，Python で簡単な GPIO インタフェースをプログラマに提供するために，Raspberry Pi 財団が作成したものです．このライブラリを取り込むと，プログラムから Pi の GPIO ピンを操作できるようになります！ このとき，ライブラリ名にはスペースなしの小文字表記を用いるのが慣例なので，実際のプログラム中では `gpiozero` という名前を使うことに注意してください．

次の行では，プログラムがタイミングを制御できるようにする `time` ライブラリを取り込みます．このライブラリを使うと，例えばプログラムの実行を一時的に止めることでき，このプロジェクトではとても便利です！

次に，変数を作成します（❷）．プログラミングでは，**変数**はプログラムで参照したり操作したりする情報を保存する器です．変数はデータにラベルをつける方法を提供するとともに，コードをより単純に，より理解しやすく，より効率的にしてくれます．

ここでは，GPIO Zero ライブラリが提供する LED 向けの命令群を参照するために，`led` という名前の変数を作成します．GPIO/BCM ピン 4 にある LED を操作することを示すために，`LED()` 関数のかっこの中に，値 4 を入れます．後ほどプログラムで `led` を呼び出したとき，Pi はこのピンが操作対象であることを認識します．

そして，`while` ループ（❸）を開始します．これは，条件が満されなくなるまで中にあるコードを実行し続けるという条件文です．簡単に言うと，Pi に「この条件が真の間は以下のコードを実行し続けてください」と伝えているのです．この場合，条件は単に `True` です．この条件式は常に真で，絶対に偽にならないので，`while` ループはぐるぐると無限に回る（無限ループ）ことになります．これは便利で，LED を一度点滅させるコードを書けば，ループが点滅を何回も繰り返してくれます．

`while` ループの中には，Python のプログラム構造上の重要な特徴であるインデント（字下げ）も見られます．Python は同じ個数のスペースでインデントされたコードはすべて，ブロックと呼ばれる同じコードのグループに属すると見なします．`while` ループに続く 4 行は，それぞれ 4 つのスペースでインデントされています．条件が真である限り，ループはこの 4 行からなるブロック全体を実行し続けます．

インデントの生成にはさまざまな方法があります．2 つのスペースや 4 つのスペースのほか，TAB を使う人もいます．Python プログラムを通して一貫性を保ちさえすれば，好きな方法を使うことができます．私自身は TAB 派です．

【訳注】 訳者は PEP 8 [10] に従い 4 スペース派です．

❹ では，`led.on()` コマンドで LED をオンに切り替えます．`led` は LED を接続したピンを指し，そのピンを「on」にしていると読み取ってください．ドット（.）は，操作の対象（この場合は LED）と，命令（この場合はオンにすること）を区切っています．GPIO ピンをオンにすることは，Raspberry Pi が回路に 3.3 V の電圧を適用することを意味するので，そのピンを「High」にするとも言われます．

次に，`sleep()` 文（❺）を使って，かっこの中に指定した秒数だけプログラムの実行を止めます．この場合，値 1 を入れたので，実行はちょうど 1 秒だけ止まります．このあと，`led.off()` コマンドで LED をオフにします（❻）．`while` ループの最初に戻る前に再び 1 秒待つように，❼ で `sleep()` 文を繰り返します．オン・停止・オフ・停止の連続が無限に続きます．

プログラムを入力し終えたら，Nano テキストエディタを終了させて作業を保存します．これを行うには，CTRL+X を押します．すると，変更を保存したいかどうかを確認されます．Nano は書き込みたいファイル名，すなわち Nano エディタを開いた際に入力したファイル名（私の場合 `blink.py`）を聞いてきます．ファイル名を確認して，ENTER キーを押してください．

プログラムの実行：LED を点滅させる

プログラムの内容を理解したところで，いよいよ実行します．どのように動作するでしょうか．第 1 章で作成したプログラム `hello_world.py` と同じ手順でプログラムを実行します．Raspberry Pi のプロンプトに次のコマンドを入力してください．

```
pi@raspberrypi:~/robot $ python3 blink.py
```

LED が 1 秒おきに点滅し始めるはずです（図 2.9 参照）．おめでとうございます．Raspberry Pi と外の世界の接続に成功しました！

図 2.9 Raspberry Piに接続した LED が正常に光る様子

LED の点滅を止めるには，CTRL+C を押してプログラムを止めます．

トラブルシューティング：LED が点滅しない！

LED が点滅していなくても，あわてる必要はありません．ちょっとしたトラブルシューティングで回路を直せます．まず，LED の足が正しく挿入されているかを確認してください．LED はダイオードの一種であり，電流は一方向にしか流れないため，LED の取り付け方を間違えると点灯しません！ 説明に戻って，正しく繋いだか確認してください．

もし問題が解決しないようなら，回路の残りの部分を確認してください．すべてがきちんと接続されていますか？ すべての配線はしっかりと固定されていますか？ 回路を Pi の GPIO ポートの正しいピンに配線しているか確認してください．これは間違えやすいところです！ 回路に問題がなく，LED や抵抗も（部品リストの説明に従った）適切な部品だったなら，ソフトウェアに問題があるかもしれません．プログラムを実行したとき，クラッシュしませんでしたか？ エラーメッセージは表示されませんでしたか？ 本書で示したコードを Nano で入力するときに，間違えたかもしれません．戻って確認するか，https://nostarch.com/raspirobots/ からコードのファイルを取得し，代わりにそこから `blink.py` を実行してみてください．

GPIO Zero ライブラリは新しい Raspberry Pi OS ならすべて初めから含まれていますが，古い Raspberry Pi OS を実行している場合は，手動でインストールする必要があるかもしれません．インストールするには，まず次のコマンドを入力します．

```
pi@raspberrypi:~/robot $ sudo apt update
```

続いて，次のコマンドを入力します．

```
pi@raspberrypi:~/robot $ sudo apt install python3-gpiozero
python-gpiozero
```

メモ：
Raspberry Pi を停止させたいときは，いきなり電源コードを抜くのではなく，正しい手順を踏んでください．電源を切るには，sudo shutdown -h now コマンドを使い，数秒待ってから電源コードを引き抜きます．Pi に直接接続された画面を使っている場合は，GUI のメインメニューから停止オプションを選ぶ方法もあります．

挑戦しよう：点滅の間隔を変える

LED を点滅させるために書いたコードをもう一度見てみましょう．その一部を変更したら何が起きるでしょうか？ 例えば，`sleep()` 文の値を変更し，いろいろなパターンをつくって実験できるでしょう！ 変更した内容がどのような効果をもたらすか，直しては試してみてください．

ボタンから入力する：Raspberry PiのGPIO入力

LEDを点滅させるプロジェクトは，Raspberry Piを使った電子工学や物理コンピューティングの世界での最初の実験として最適ですが，Piの GPIOピンでできることのうち，出力の側面しか扱っていません．GPIO ピンは「入力」もとることができます．つまり，外の世界からデータを受け取り，それにPiを反応させることができます．本節では，Raspberry Piにボタンを接続し，ボタンが押されるたびに動作するプログラムを書きます．

部品の説明

本書のプロジェクトでは，今までにつくってきたプロジェクトの成果を利用して新たなプロジェクトをつくります．このプロジェクトでは，Raspberry Piとブレッドボードに加えて，ボタンと2本のオス-メスジャンパワイヤーが必要です．

ボタンには形，大きさ，種類の違いにより，数百ものタイプがあります．このプロジェクトでは，図2.10に示すようなブレッドボードに適したモーメンタリ式押しボタンを使います．

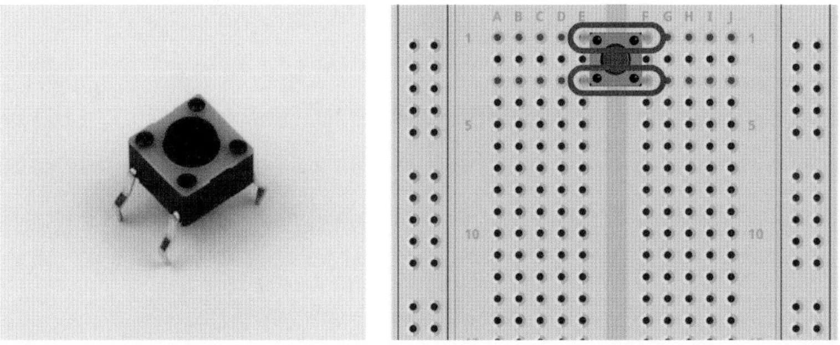

図 2.10 4本足のモーメンタリ式押しボタン（左）と，ブレッドボードに差した2対の足（右）

ボタンはスイッチと呼ばれることも多く，ブレッドボードのポイントに接続する足が2本もしくは4本のものが一般的です．モーメンタリ式スイッチの機能は，ボタンを押すとボタン内の接点が接合して回路が繋がり，電流が流れるという単純なものです．ボタンを離すとボタン内の接点が離れるので，回路が切れて電流が流れなくなります．ボタンが押されている間だけ回路が繋がるため，「モーメンタリ」（一瞬の）と呼ばれるわけです！

2本足のボタンは，ボタンが押されたら両者が繋がると，当たり前にわかります．4本足のボタンは，少し複雑です．足は2本一組になっており，注目しなければならないのは，4本のうちの2本だけです．通常，

図 2.10 に示すとおり，対向する足は接続されており，それぞれの組の片方の足だけを回路に接続することになります．どの足が組になっているかがわからない場合は，購入したボタンの説明書を確認してください．

ボタンを配線する

部品の準備ができたら，いよいよボタンを配線します．図 2.11 に示すブレッドボードの図を参考にしてください．

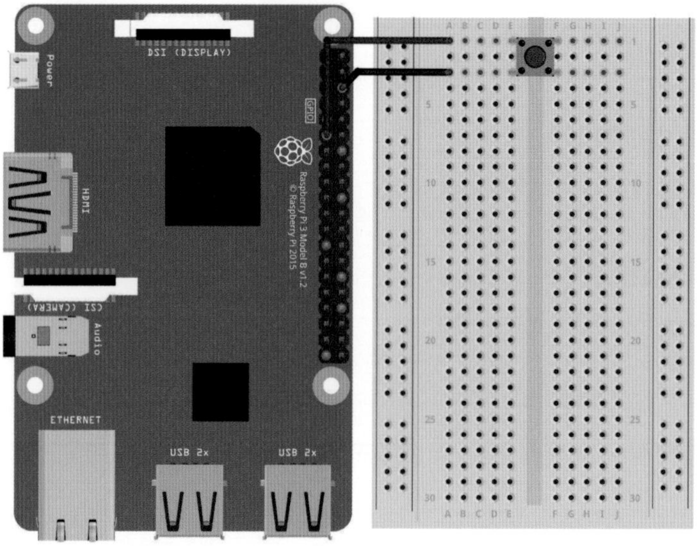

図 2.11 ブレッドボードへのボタンの接続

もし，前のプロジェクトを終えたばかりで，Raspberry Pi に LED が配線されたままなら，それらを取り外すか，ブレッドボードの別の位置にボタンを配線してください．後者の場合，各プロジェクトでブレッドボードの違う行を使うことに注意してください．準備ができたら，次の説明に従って接続してください．

1. ブレッドボードにボタンを，各足がそれぞれの行になるように差します．こうするには，ボタンの 2 本の足がブレッドボードの真ん中にある列の仕切りの両側に来るように差す必要があるでしょう．
2. Raspberry Pi の電源を切り，ジャンパワイヤーを使って仕切りの片側の足を Raspberry Pi の GND ピン（物理ピン 6）に接続します．
3. もう 1 本のジャンパワイヤーを使って仕切りと同じ側にある残りの足を Raspberry Pi のピン 11（BCM ピン 17）に接続します．どのピンかわからないときは，図 B.1（p.202）のピン配列を確認してください．

図 2.12 と同じように Pi が設定できたら，今度はボタンが押されたときにボタンから入力を取得するプログラムを書く必要があります．

図 2.12 ボタンとブレッドボードの設定が完了

警告：

完成したら，図 2.11 に示した回路が設定できているはずです．配線が正しく行われているかどうかに注意してください．スイッチにはとても小さい抵抗しかなく，間違えて接続すると，Pi を壊してしまうかもしれません！

Raspberry Pi でボタンからの入力を表示するプログラムを書く

ターミナルを開き，第 1 章で作成したディレクトリにいることを確認してください．前のプロジェクトを終えたばかりであれば，すでにそのディレクトリにいると思いますが，そうでなければ，次のコマンドでホームディレクトリから robot ディレクトリに移動します．

```
pi@raspberrypi:~ $ cd robot
```

続いて，ボタンからの入力を取得する新しい Python プログラムを Nano で作成します．次のようにして，button.py という名前のファイルをつくりましょう．

```
pi@raspberrypi:~/robot $ nano button.py
```

慣れ親しんだ空の Nano の画面が現れます．リスト 2.2 にあるボタンを動作させるコードを入力します．

リスト2.2 ボタンからの入力を取得するプログラム

```
❶import gpiozero

❷button = gpiozero.Button(17)

while True:
   ❸if button.is_pressed:
      ❹print("ボタンが押されました！")
   ❺else:
       print("ボタンは押されていません！")
```

LED点滅プロジェクトと同様に，GPIO Zeroライブラリを取り込みます（❶）．本書の電子工学プロジェクトではすべてこのライブラリを使用するので，本書のすべてのプロジェクトでこの行を見ることになります！

buttonという名前の変数を作成し，GPIO Zeroライブラリが提供するボタンに関する命令群をその変数に代入して，かっこ内にボタンがBCMピン17に接続されていることを指定します（❷）．

LEDのプログラムと同じようにwhileループを開始しますが，前回とは違い，このブロックの最初の行はif/else文で始まります．プログラミングにおいて，if文は，条件が満たされた場合に内側のブロックに書かれたコードを実行する条件文です．この場合のif文は“if the button is pressed, do the following”（もしボタンが押されたら，以下を実行せよ）と，そのまま読めます（❸）．if文の条件が真なら，インデントされた行（❹）が実行されます．このコードの場合，文字列がターミナルに表示され，ボタンが押されたことを知らせます．

いつもではありませんが，条件付きのif文があるときは，else文があります．なぜなら，もしボタンが押されなかったら，他の処理（else）が必要だからです！ else文（❺）は“if anything else, do the following”（そうでないときは，次を実行せよ）という英語を意味し，else文に続くインデントされたブロックのコードが実行されます．このコードの場合，ボタンが押されていないことをターミナルに表示します．

このコードのif/else文は，条件がTrueのwhileループの中にあるため，プログラムの実行が停止するまでこのif/else文が永遠に繰り返されます．プログラムを入力し終えたら，CTRL+Xを押し，確認メッセージに対してYキーを押して変更した内容を保存します．ファイル名がbutton.pyになっていることを確認してENTERキーを押し，いつものとおりにNanoテキストエディタを終了します．

プログラムの実行：ボタンからの入力を取得する

プログラムを実行するには，ターミナルで次のコマンドを入力するだけです．

```
pi@raspberrypi:~/robot $ python3 button.py
```

まず，「ボタンは押されていません！」という文がターミナルに繰り返し表示され，ボタンを押すと，「ボタンが押されました！」という文がターミナルに表示されるはずです．

```
pi@raspberrypi:~/robot $ python3 button.py
ボタンは押されていません！
ボタンは押されていません！
ボタンが押されました！
```

トラブルシューティング：ボタンが機能しない！

LED のプロジェクトと同様に，もしボタンが機能しなくても心配はいりません！ まず，回路を確認してください．すべて正しく配線されていますか？ 配線はブレッドボードにしっかり差し込まれていますか？ ボタンは正しい方法で接続されていますか？ ボタンが本書で使っている型と微妙に違う場合は，どのように違うかを詳しく調べてみましょう．回路に問題がないなら，本書で示したコードを入力するときに間違えたかもしれません．戻って確認するか，https://nostarch.com/raspirobots/ からコードのファイルを入手しましょう．

プログラムの実行を停止するには，CTRL+C を押します．

挑戦しよう：ボタンからの入力と LED の点滅を連動させる

本章の小さな 2 つのプロジェクトは，組み合わせることができます．ボタンが押されているときに LED が点滅する，もしくは，ボタンが押されるまで LED が点滅するプログラムをつくってみましょう．

まとめ

本章では，2つの小さなプロジェクトを通して，電子工学を初めて体験し，多くの理論や基礎知識を学びました．これらすべては，これからの章でロボットをつくるときに役立つでしょう．また，プログラミングにおける重要な技術や概念を説明しました．今後は `if/else` 文やループを多用することになります．

次章では，本書のロボットをつくるための流れを説明します．必要な材料や道具を紹介した後に，具体的な構築手順を説明します．

第3章
ロボットをつくる

ロボットには，国際宇宙ステーションにあるロボットアームから娯楽用のおもちゃまで，膨大な種類の形，大きさ，デザインのものがあります．

ロボットは特定の作業向けにつくられますが，カスタマイズする前に，まず，ロボットの基本的な構成要素を理解して，それらを組み立てる必要があります．本章では，本書の後半で変更や改良を加えていく土台となるロボットのつくり方を紹介します．ロボットを指示どおりに動き回らせるためのプログラミングは，第 4 章で行います．後半の章では，センサー，ライト，カメラなどを追加して，より派手に，より賢く改良していきます！

初めてのロボット

動き回るロボットは，2 種類に分けることができます．タイヤがあるものとないものです．タイヤがないものには，2 本の足を持つ人間に似たヒューマノイドや，犬など 4 本足の動物をもとにしたものが多くあります（例は図 3.1 を参照）．

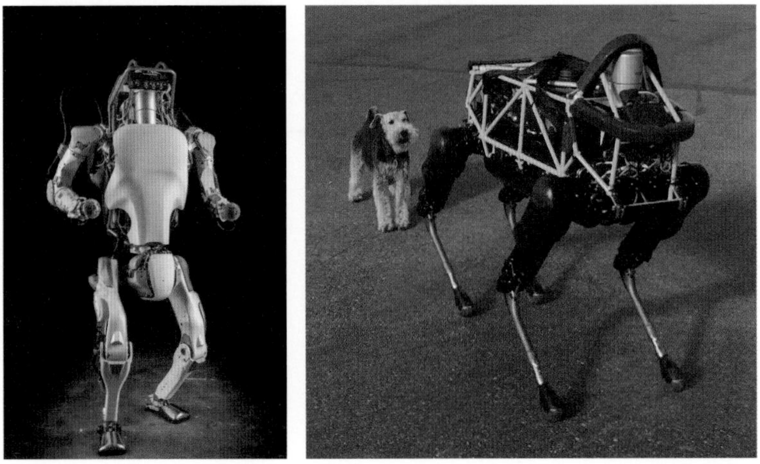

図 3.1　Boston Dynamics 社のロボット

これらのロボットは，製作者がバランス，動き，その他の広範にわたる要因を考慮しなければならないため，通常はつくるのもプログラムするのも極めて難しいです．

一方，タイヤ（もしくはレール）を使うロボットは，複雑なバランスの問題がないので，私たちのような愛好家やメイカーに最適で，実際，現実世界のロボットの大部分はこれらのロボットです．有名なタイヤ付きロボットの１つは，６つのタイヤを持つ NASA の惑星探査機**キュリオシティ**（Curiosity）です．キュリオシティは 2012 年から火星を動き回り，最先端の科学の実現に貢献しています！

本書では，最初のロボットとして，図 3.2 に示すような２輪ロボットをつくります．２輪ロボットは，ロボット工学の世界の出発点として最適です．このロボットは，１つのタイヤに１つのモーターを使用して，前進・後退，右旋回・左旋回ができるようにします．

図 3.2 完成した Raspberry Pi ロボット．この章が終わる頃にはあなたも手に入れていることでしょう！

本章で作成する２輪ロボットは，安価で入手しやすい材料を使い，操作もしやすいという素晴らしい特徴を備えています！

部品リスト

ロボットを組み立てるには，Raspberry Pi のほかにいくつか基本的な部品が必要です．この種の材料や部品は，非常に幅広い選択肢があります．

ブレッドボード：第 2 章で使用したような，電源レールがある 400 穴のブレッドボードをお勧めします．

ジャンパワイヤー：いろいろな色や長さのブレッドボードワイヤーが入ったものをお勧めします．

車台（シャーシ）：ロボットの胴体です．少なくとも 15 cm（6 インチ）×14 cm（5.5 インチ）の大きさが必要です．私はレゴを使いました（その理由と具体的な材料は後述します）．

ブラシ付き DC モーター 2 個：5 V から 9 V，100 mA から 500 mA のギアボックスを内蔵したタイヤ付きモーター．

電池ホルダー：単三電池 6 本が入るものを選んでください．

単三電池 6 本：使い捨てでも充電式でも構いませんが，パナソニック社製の充電式電池エネループをお勧めします．

LM2596 降圧コンバータ：電圧を下げるコンバータ．

L293D モーターコントローラ：モーターコントローラの集積チップ．

また，各種ドライバー，ホットグルーガン，マルチメーター，はんだごてなども必要です（使わずに済む場合もあります）．次のいくつかの項で，それぞれの部品の詳細とその機能について説明します．すぐにロボットを組み立てたい場合は，「ロボットを組み立てる」（p.65）に進んでください．

車台（シャーシ）

車台（シャーシ）は，ロボットの土台となる骨組み，いわば胴体です．車台は Raspberry Pi や他の部品を搭載する台になります．

さまざまな素材を使って車台をつくることができますが，どのようなデザインであっても，以下の 3 つの条件を満たす必要があります．

- **丈夫で安定している：** ロボットの電子機器はすべて車台に搭載されるので，壊れにくいことを確認してください．
- **15 cm（6 インチ）×14 cm（5.5 インチ）以上の大きさ：** 本書の後半では必要な部品がどんどん増えていくので，それらを搭載できる場所が必要です．ロボットの車台がこれより大きくなることは問題ありませんが，小さくなることはないようにしてください！

- **修正しやすい：** 車台が修正，拡張，変更しやすいということは，本書を終えたあとでロボットをさらにカスタマイズできるということです！

初めてロボットをつくるときの素材として，レゴはお勧めです．誰もに人気があるレゴブロックは，ロボットの車台をつくるのにぴったりです．膨大な種類の部品があるので，あらゆる形や大きさの車台を簡単につくることができます．本章では，図 3.3 にある部品を使って車台をつくる方法を紹介します．

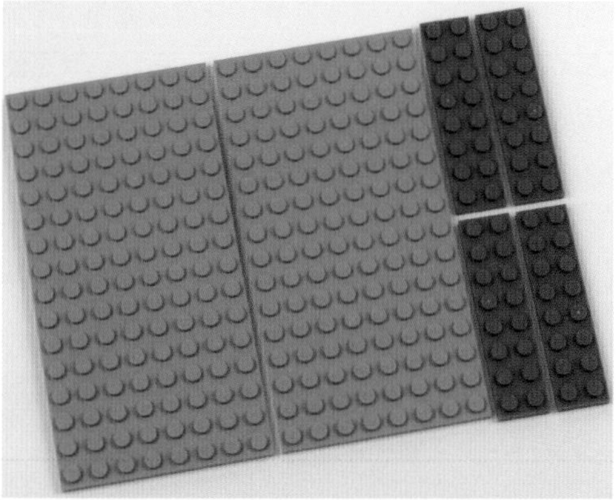

図 3.3 図 3.2 のロボットの車台をつくるのに使ったレゴの部品

レゴ以外では，段ボールはどこでも手に入るし，作業もしやすいので，これも良い選択肢です．切ったり，折り曲げたり，貼ったりするだけで，さまざまな形の車台をつくることができます．段ボールは厚ければ厚いほど良いです！ 靴を買ったときの箱や Amazon から届いた荷物の箱など，とにかくどんな再利用の段ボール箱でも，しっかりとした段ボール製の車台をつくることができます！

さらに，ノコギリなど，簡単な木工用の道具があれば，木材からロボットの車台をつくるのもいいかもしれません．パイン材や中密度繊維板（medium-density fiberboard; MDF）のような安い木材や木材複合材は，丈夫で安定した車台を低価格でつくれます．

プラスチックの車台をあつらえて，見た目も素敵な車台をつくることができます．アクリル板のプレキシグラス（Plexiglas），ルーサイト（Lucite），パースペックス（Perspex）は，比較的安く購入でき，片手のこぎりやバンドソーで切れます．さらに，レーザーカッターが使えるなら，図 3.4 に示すような，コンピュータで指示した寸法やデザインを正確に再現した完成度の高いロボットをつくることができます．共同で使えるレーザーカッターが置いてあるメイカースペースやハッカースペースが地元にあるかどうか，調べてみましょう．

図 3.4 イギリスのケンブリッジにあるメイカースペースで，レーザーカッターを使って設計・製作した車台

また，3D プリンタの利用も，ぜひ検討してください．3D プリンタはプラスチックの層を熱して押し出し，層ごとに造形します．コンピュータ上で CAD（computer-assisted design; コンピュータ支援設計）ソフトウェアを使って車台を設計できますし，インターネットから他の人が設計したものをダウンロードしてプリントすることもできます．3D プリンタは一般的になってきているので，地元の図書館，メイカースペース，ハッカースペースで見つけられるかもしれませんし，3D プリンタを持っている知り合いもいるかもしれません．

車台の自作が面倒な人は，オンラインショップでさまざまな基本キットを購入することができます．これらの多くは 1 層または 2 層のアクリルで，ねじや支柱で固定できるようになっています（図 3.5 の例を参照）．インターネットで「ロボット シャーシ」で検索すると，すでにできあがった車台を見つけられます．eBay ではたいてい良い買い物ができます．

図 3.5 できあいのモーター付き車台

モーター

モーターがなければ，ロボットは動けません．そして，動けないロボットはロボットではありません！ どのようなモーターをどの部分に使えばよいかを理解するために，モーターに関する基礎を説明します．

モーターとは？

電気モーターは，電気エネルギーを力学的エネルギーに変換します．モーターにはさまざまな大きさや構造があり，価格もさまざまです．本書では，一番安いタイプの DC モーターを 2 個（タイヤ 1 つにつき 1 個）使います．DC モーターは最も一般的なモーターで，電車から卓上扇風機まで，あらゆる機器に使われています．

DC とは直流（direct current）のことであり，このモーターは一方向に電流が流れなければ動作しません．DC モーターに代わるものとして，AC（交流）モーターやステッピングモーターなどがありますが，高価で使いにくく，電気的にも複雑なので，本書では DC を使います．

本書で使用するごくシンプルなモーターには，2 つの端子があります．これらの端子を通じてモーターに電気が出入りし，端子に電圧がかかって端子間に電位差が生じると，モーターの軸が回転します．電圧の向きを変えると（「電圧を逆にする」と言うこともあります），モーターは逆回転します．

たくさんお金をかければ，より良いモーターが手に入ります．しかし，高価な機材を購入する前に，まずは安く始めて基本を身につけるのがよいでしょう．

モーターの各種仕様

本書のロボット向けには，ブラシレスではなく，ブラシ付きの DC ギアードモーターを 2 個用意します．ブラシ付きモーターとブラシレスモーターのどちらも，電気で電磁力を発生させてモーターの軸を回転させますが，ブラシレスモーターは動作させるために高価な回路を追加しなければなりません．ブラシレスモーターは通常，高度な操作が必要なドローンなどの機械に使われます．

【訳注】 ギアードモーターはモーターにギアによる減速装置を取り付けたもので，モーターの回転数を落とすことで駆動力を上げます．ブラシ付きモーターのブラシは，モーターの制御部分に使われている電極で，物理的に整流子（定期的に電流の方向を変えるスイッチ）に接触してコイルに電流を流すことでモーターを回転させます．この仕組みをブラシを使わずに電子回路で実現したのが，ブラシレスモーターです．

ブラシ付き DC モーターは，一般的なオンラインショップ（「使用部品」（p.4）を参照）で購入できます．

購入する際は，モーターの仕様を確認してください．次のような要素を考慮する必要があります．

電圧：5V から 9V のモーターを用意することをお勧めします．モーターが要求する電圧が必要以上に高いと，電源供給に苦労し，より多くの電池が必要となるでしょう．一方，モーターの電圧が低すぎると，電源（次項を参照）から供給される電圧が，モーターの過熱や破損を招く可能性があります！

電流：モーターに流れる電流の量もとても重要です．電流をより多く消費するモーターを使うと，電池の減りが速くなり，モーターの制御もより難しくなります．一方で，電流の消費が少ないモーターを使うと，モーターの力が弱くなり，ロボットを動き回らせるのに苦労することになります．定格電流が 500 mA 以下のモーターを選んでください．電流が大きすぎると，後に使用するモーターコントローラに過負荷をかけるかもしれません．

回転数とギア：安いモーターは通常，**毎分回転数**（revolutions per minute; RPM）が 1 分間に 1,000 回転から 3,000 回転と高く，小さなロボットには速すぎます．この回転数では，各モーターが生み出す**トルク**はほとんどありません．トルクとは駆動力のことで，これが小さいとロボットを平面上で動き回らせるのに苦労します．これを解決するためには，モーターの毎分回転数を下げてトルクを増大させるギアボックスが必要です．ギアで下げた新しい毎分回転数に対するもともとの毎分回転数の比率を**減速比**と呼びます．本書のロボットでは，48 : 1 が適切な減速比です．適切なモーターを見つけるためには，「ギア付き ホビー モーター」という検索語を使って，小さいギアボックスがあらかじめついているモーターを検索するとよいでしょう．

タイヤ：本書のロボットでは，モーターにつけるタイヤが必要です．ほとんどのモーターにはタイヤを取り付けられる軸があります．モーターが動くと軸が回転して，タイヤもそれに伴って回転します．タイヤがついていないモーターを買うと，そのモーターの軸に合うタイヤを調達しなければならず，面倒です．そこで，グリップが良く制御しやすいゴム製のタイヤ付きモーターを買うことをお勧めします．あるいは，もし 3D プリンタのような精密機器が使えるなら，タイヤなしのモーターを買って，自作のタイヤをつけるのもよいでしょう．

私が購入したタイヤ付きモーター（図 3.6）は，これらの条件をすべて満たしています．つまり，ギアボックスと専用のタイヤがついた一般的なホビー用のモーターで，3 V から 9 V の電圧で動作し，100 mA の電流を消費します．2 個で 5 ドルという低価格で手に入れることができました．私は「robot motor with tire」で検索して eBay から購入しましたが，もちろん他のいろいろなショップで買えます．

図 3.6 ロボットに使うタイヤ付きモーター

ほとんどのDCモーターは，2つの端子にワイヤーが接続されていません．この場合，モーターにワイヤーをはんだ付けする必要があります．はんだ付けとは，はんだと呼ばれる溶加材を2つの部品の間で溶かして電気的に接合する作業です．これはとても手ごわいことのように思えますが，心配はいりません．本当に簡単で，かつ，とても重要な技能です！詳しくは「はんだ付け」(p.206) をご覧ください．

どうしてもはんだ付けをしたくないなら，オンラインショップで端子にワイヤーがはんだ付けされているモーターを見つけられるでしょう．ただし，これらは入手困難で，おそらく高価であることを覚えておいてください！

電池

ロボットが自力で動き回れるように，電力は車台に積んだ電池から供給します．そのため，電源ケーブルを引き回す必要はありません．電池はエネルギーを蓄える電気化学的装置です．

本書では，単三電池でロボットに電力を供給します．単三電池は一般的で安いだけでなく，使いやすく，安全です．単三電池1本で通常1.2Vから1.5Vの電力を供給し，連結することでより大きい電圧を供給できます．必要な単三電池の本数は，モーターの電圧によって変わります．単三電池6本を電池ホルダーに入れて連結すると，7Vから9Vの出力電圧となり，今回のロボットに適した電圧が得られます．

単三電池には**一次電池**（非充電式）と充電式の2つがあります．一次電池は安価ですが，再使用できず，適正に廃棄しなければなりません．つまり，一次電池を使うための費用は，時間とともに上昇していくことになります．そこで，高品質の充電式電池と適切な充電器を購入することをお勧めします．最初の出費は高くつきますが（20ドルから30ドル），結局は節約になり，また，より環境に優しくなります！ 私は図 3.7 に示すパナソニック社製の充電式単三電池「エネループ」を使用しています．なお，一般に充電式電池は一次電池に比べて電圧が若干低くなります（単三の場合，通常は 1.5 V ではなく 1.2 V）．

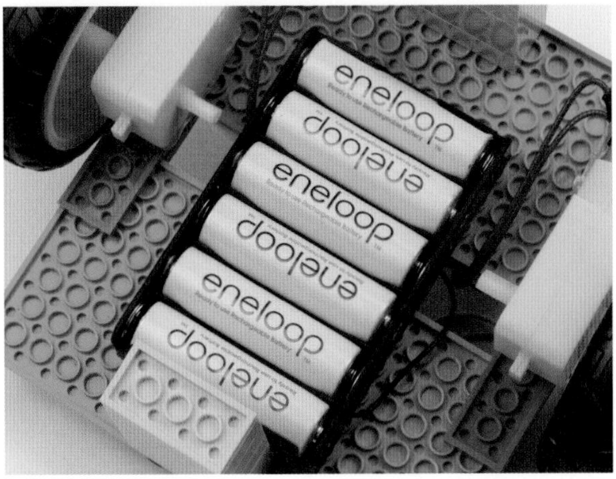

図 3.7 6 本のエネループ充電式電池と電池ホルダー

これらの電池を収納して互いに接続するには，**電池ホルダー**が必要です．電池ホルダーは電池を固定するとともにそれらの端子を接続して，1 本ずつの正と負のワイヤーを通じて，すべての電池の電力をまとめて回路に供給します．電池ホルダーはオンラインショップで入手できます．私は図 3.7 に示した，オン・オフできるスイッチがついた，単三電池が 6 本入る電池ホルダーを，eBay で 1 ドルで購入しました．

電圧調整器

モーターは電池が供給する 7V から 9V できちんと動きますが，Raspberry Pi はそうはいきません．Raspberry Pi は 5 V で動作します（どちら側も許容範囲は 0.1 V）．これより低い電圧では，Raspberry Pi は起動しません．これより高い電圧では，Pi が壊れてしまいます！ 実際，電圧をかけすぎると，Pi の内部部品に過大な電流が流れ，プロセッサから青白い煙が上がります．こうなると，もう取り返しがつきません．

Pi を壊さないためには，**降圧コンバータ**と呼ばれるシンプルな電圧調整部品を使って，7〜9 V の電圧を Pi が必要とする 5 V に下げる必要があります．降圧コンバータは，入力電圧を求められる電圧に下げて出力します．本書では，図 3.8 に示す，LM2596 チップを使ったコンバータを使用します．LM2596 チップは，モジュール基板に整然と配置されています．このモジュールは 4 V から 40 V の電圧入力をとり，1 V から 35 V までの指定した電圧に下げることができます．この章の後半で，Raspberry Pi 用に出力電圧を 5 V に設定する方法を紹介します．

警告：
降圧コンバータの中には，正しく機能するために「ヘッドルーム」（余裕）が必要なものがあります．例えば，私が使っている LM2596 モジュールは，入力電圧が出力電圧より 2V 以上高い必要があります．つまり，最悪のシナリオでは，LM2596 モジュールから出力される最大の安定化電圧は 7.2 V − 2 V = 5.2 V ということになります．これは単三電池 6 本（供給電圧は 7〜9 V）では問題ありませんが，単三電池 4 本（供給電圧は 6 V）だと，出力は 4 V になってしまい，Raspberry Pi に必要な電力が得られません．

図 3.8 LM2596 降圧コンバータモジュール

LM2596 モジュールや類似の降圧コンバータは，オンラインショップで数ドルで購入できます．LM2596 以外のコンバータを選ぶ場合は，2 A 以上の電流を連続して出力できることを確認してください．このような情報は製品の一覧やデータシート（部品の技術的特性を詳述する資料）にあるはずです．また，入力と出力にねじ端子を使用した降圧コンバータを選ぶとよいでしょう．そうすることで，はんだ付けの手間を省くことができます．

モーターコントローラ

DC モーターは 1 個当たり 500 mA を消費します．一方，Pi の GPIO ピンは合計で 20 mA から 50 mA しか供給できません．そのため，モーターへの電力供給は，独立した電池ホルダーから直接行う必要があります．これは問題ではありませんが，Raspberry Pi をモーターに直接接続しないことになるので，モーター，電源，Raspberry Pi の間を取り持つ**モーターコントローラ**が必要になります．モーターコントローラを使えば，Pi はモーターのオン・オフや速度の制御をできるようになります．

モーターコントローラにはさまざまな種類があり，パッケージも豊富です．コントローラチップやモジュール基板のほか，Raspberry Pi 公式の HAT（Hardware-Attached-on-Top; 上部に接続するハードウェア）もあります．それぞれに長所と短所があります．

本書では，L293D と呼ばれる IC（integrated chip; 集積チップ）を使います．図 3.9 の L293D のように，ブレッドボード対応の IC は，抵抗，トランジスタ，コンデンサなどの小型電子部品を集めた小さな黒い箱です．IC の足をブレッドボードに差して配線することで，回路に機能を追加することができます．L293D は 2 つまでの独立したモーターを完全に制御することができるので，本書のロボットに最適です！

図 3.9 L293Dモーターコントローラチップ

L293D モーターコントローラチップの具体的な性能については，データシートをオンラインで検索してみてください．L293D はオンラインショップで 4 ドル以下で購入できます．

必要な道具

次節でロボットをつくる過程や本書の残りの部分で，基本的な道具がいくつか必要になります．必要なすべての道具と，あれば役に立ちそうな道具を挙げます．

- いろいろな種類のねじ回し
- ホットグルーガン
- マルチメーター
- はんだごて

ロボットを組み立てる

ロボットの部品を手に入れたら，組み立てと配線に進みましょう！ 前節で挙げたものと同じ部品を購入した場合は，以下の説明どおりに進められます．異なるものを買った場合や自作した場合は，ちょっと工夫が必要になるかもしれません．しかし，その場合も以下の説明が参考になるはずです．

車台をつくる

前に書いたように，私はロボットの車台の材料にレゴブロックを選んだので，以下もレゴを使う場合の説明になります．

レゴブロックの組み合わせ方は無限にあり，車台のつくり方も無限です．私は図 3.3 に示した部品を使用して，ごくシンプルな車台をつくりました．

- 8×16プレート 2 枚
- 2×8 プレート 4 枚

【訳注】“8×16” はレゴブロックから出ているポッチの個数を表し，スタッドと呼ばれます．

【訳注】日本からは利用できません．レゴショップやレゴパーツを扱うオンラインショップで購入してください．

私と同じ部品で進めたい場合は，レゴの Pick a Brick サービス（https://www.lego.com/en-us/page/static/pick-a-brick）を利用できます．エレメント ID を使って部品を検索し，必要なピースを個別に注文できます．私が使ったピースは以下のとおりです．

- エレメント ID が 4610353 の 8×16 プレート 2 枚
- エレメント ID が 303428 の 2×8 プレート 4 枚

これらの ID 番号をエレメント ID の検索窓に入力すると，見つかるはずです．

なお，レゴ社のウェブサイトによると，部品が届くまでに最大で 10 営業日ほど待たなければなりません！ レゴのピースで車台をつくる場合は，続く作業で他のブロックも必要になるので，必要なものを一度に注文することをお勧めします．

8×16 プレートは，Raspberry Pi とブレッドボードをそれぞれ載せるのにちょうどよい大きさです．私の車台は 2 つのレゴプレートの間にすきまをあけて，配線をきれいに通しやすくしています．

8×16 プレートをレゴのスタッド 2 個分開けて配置し，2 枚の 2×8 プレートを上に取り付けて，これらを固定します．図 3.10 のように，残りの 2 枚の 2×8 プレートで裏面からもはさみ込むことで，より頑丈に固定します．

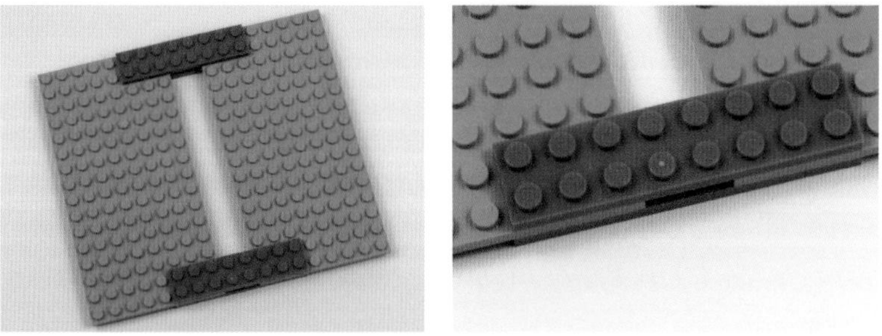

図 3.10 2×8 プレートによる車台の結合部分

モーターを取り付ける

車台が完成したら，モーターをはじめとするさまざまな部品を取り付けて配線します．車台にモーターを取り付ける前に，モーターの端子にワイヤーがはんだ付けされていることを確認してください！ もしワイヤーがついていなければ，「はんだ付け」（p.206）を参照して，接続してください．

モーターを車台に取り付ける際は，タイヤをできるだけロボットの胴体の中心に配置します．これにより，ロボットの回転半径が小さくなり，場所を取らずに回転できるようになります．モーターを固定する方法には，いくつか選択肢があります．どれを選んだ場合でも，モーターが一直線に並び，平行になるようにしてください．モーターが平行になっていないと，左右のタイヤの進行方向が合わず，ロボットがまっすぐ進めなくなるかもしれません．

半永久的に固着させる方法：接着剤

ホットグルーガンや瞬間接着剤で接着すれば，モーターを車台にしっかりと固定できます．モーターが外れる心配がない確実な取り付け方としてお勧めですが，取り付け位置の修正もできなくなるので，接着する前によく考えてください！ モーターの位置を決める前に，それで大丈夫か，しっかり確認しましょう．

図 3.11 に示すように，接着剤をきちんと重ねることで，モーターの接続部分が固定され，動かなくなります．

図 3.11 ホットグルーを使用したモーターの取り付け

脱着可能な方法：ベルクロもしくはねじ

昔からある面ファスナー素材（一般にはベルクロとして知られています）は，部品を汚すことがなく工具も必要ない，一時的に物を固定するための優れた方法です．お勧めのブランドは，3M 社のデュアルロックです．これは非常に強力な面ファスナーパッドですが，1 メートル当たり約 15 ドルと，他の製品に比べてやや高めです．面ファスナーは通常裏面が粘着テープになっています．必要なだけ切りとって，シールをはがし，車台に貼り付けます．もし，強度が足りない，つまりモーターのぐらつきが気になるなら，ベルクロやデュアルロックの端に少し接着剤をつけるとよいでしょう．

【訳注】 デュアルロックは [11] を参照．

また，ねじを使う取り付け方もあります．車台を木材，レーザーカットしたプラスチック，3D プリントでつくった場合，モーターをねじで固定できます．これはしっかり固定する方法であり，しかも，いつでもモーターを取り外して，別のプロジェクトで使用することができます．

一時的な方法：両面テープ

両面テープは，ベルクロのように部品を簡単に，手間をかけずに固定するのに便利ですが，接着力が一番弱い選択肢です．

ロボットを安定させる

車台にモーターを取り付けたら，各モーターの 2 本のワイヤーを図 3.12 のように車台のすきまから上に通します．

図 3.12 車台のすきまから出したモーターのワイヤー

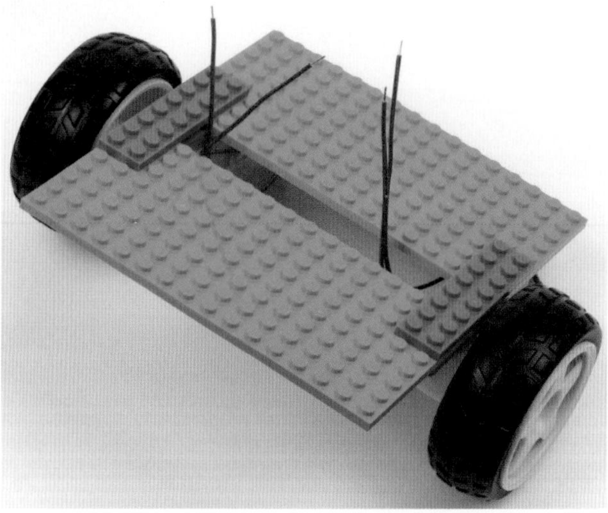

2 つのモーターを車台の中央につけた状態では，前後に不安定で，重いほうに倒れているはずです．心配いりません．これは簡単に直すことができます！

安定化装置（スタビライザ）はロボットが揺れるのを防ぎ，滑らかに動けるようにします．安定化装置は両側に 1 つずつあればよく，何からでもつくることができます．私はレゴの車台を使っているので，安定化装置もレゴブロックでつくりました！ 車台の裏面の前側と後側に，5 つ重ねた 2×4 ブロックの柱を 2 本つけました．これらは重みを安定させますが，地面には触れないので，滑らかな面を走るのであれば，移動を妨げないはずです．実際，この安定化装置で揺れを完全になくせました．図 3.13 を参照してください．

【訳注】 エレメント ID 300124

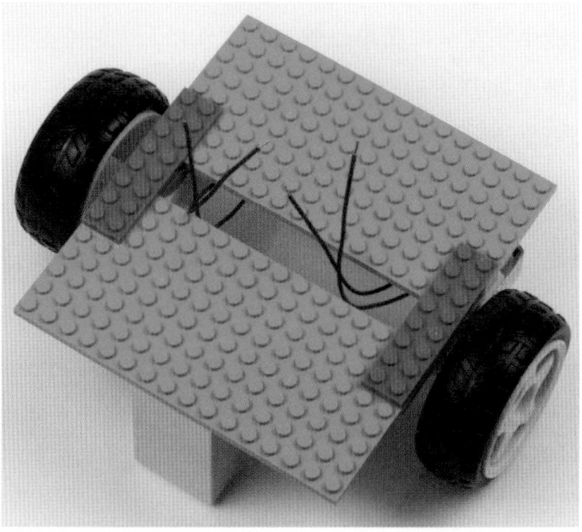

図 3.13 前後の下面にレゴの安定化装置を装着した車台

車台の高さはそれぞれなので，レゴのパーツを使用する場合は重ねるブロックの数を調節して，安定化装置が車台の裏面から床のすぐ上に達するようにしてください．ロボットの動きを妨げたり，モーターが地面から完全に浮いてしまったりしないように，適切な長さにする必要があります！

レゴブロックで安定化装置をつくらない場合は，車台と床の間に収まり，車台にしっかり固定できる素材（プラスチックや木材など）なら何でも使うことができます．一般的な選択肢は，1 つか 2 つのキャスターやボールを使うことです．ロボットのバランスをとるためだけに使われる，モーターがついていないタイヤやボールです．車台が水平になっているときに車台の裏面から床までの距離を測って，必要な寸法のものをオンラインショップで探します．これらはねじ止め式のものが多いので，車台が木材やプラスチックでできている場合は，特に良い選択肢になります．

オンラインショップで購入できるロボットの土台の多くは，モーター，タイヤ，キャスターがすべてセットになったものです．特に，必要な穴がすでに開いているという点で，時間を節約できる素晴らしい方法です．

電池を取り付ける

ロボットにモーターを取り付けたので，次は電池ホルダーと電池を設置します．電池ホルダーをどこに固定するかを決めるときに，考慮しなければならない重要な点が 2 つあります．

- **場所**：電池ホルダーを設置できる場所はどこにありますか？ 電池ホルダーから車台の上にワイヤーが届きますか？ 電池ホルダーがロボットの動きを妨げることはありませんか？

- **便利さ：** いつか電池を外して交換や充電をしなければならないので，電池ホルダーに簡単に触れるようにしておく必要があります．中の電池を取り出せない状態で電池ホルダーを完全に固定してしまわないようにしてください！

私は図 3.14 のように，レゴの車台の裏面に設置された 2 つのモーターの間に電池ホルダーを取り付けました．この取り付け位置は，Pi のように頻繁に触ることになる部品のために車台の上側を空けておけるし，電池の交換も楽にできるので，良い選択です．電池ホルダーは，信頼がおける 3M 社のデュアルロックを使って取り付けました．重さのバランスを保つために電池ホルダーを左右中央に置くようにします．

図 3.14 電池ホルダーを装着した車台の裏面

電池ホルダーを固定したら，新品の電池か，完全に充電した充電式電池を入れて，電池ホルダーから車台の上に配線を通します．

Raspberry Pi，ブレッドボード，降圧コンバータを取り付ける

次に，車台の上面にロボットの主要な電子部品である Raspberry Pi，ブレッドボード，そして降圧コンバータを取り付けます．

レゴの 8×16 プレートは，Pi とブレッドボードがそれぞれぴったり収まる大きさです．図 3.15 でわかるように，Raspberry Pi を 1 枚のプレートに，ブレッドボードと LM2596 降圧コンバータをもう 1 枚のプレートに取り付けました．これがお勧めの部品の配置方法です．

図 3.15 Raspberry Pi, ブレッドボード，LM 2596 を装着した車台

Pi はこのロボット以外でも使いたくなる可能性が高いので，脱着可能な方法で取り付けるのがよいでしょう．私は Pi を粘着剤（スティッキータック）で一時的に丁寧に接着しました．ほとんどのブレッドボードは裏面が粘着テープになっています．私のブレッドボードもそうだったので，シールをはがしてレゴのプレートにしっかりと固定しました．ブレッドボードの裏面が接着できるようになっていなければ，Pi と同様に粘着剤を使うことをお勧めします．

車台の材質によっては，電子部品を固定する方法が異なるかもしれません．Raspberry Pi の最新モデルとその前のモデルにはねじ穴がついているので，小さなねじを使って木材やプラスチックの車台に Pi を固定することができます．

ブレッドボードの隣に，レゴの 2×2 ブロックを 2 つ使って車台から少し浮かせた上で，LM2596 降圧コンバータモジュールを粘着剤で接着しました．こうすることで，降圧コンバータのねじ端子にワイヤーを接続するときにブレッドボードが邪魔にならないようにしています．

Raspberry Pi に繋ぐ電源を配線する

モーターへの配線をする前に，ロボットの頭脳である Raspberry Pi に電源を供給するための準備をする必要があります．

前に述べたように，Pi には 7V や 9V の電圧ではなく，5V（±0.1V）の電圧を供給しなければなりません．つまり，正確に 5V が出力されるように，降圧コンバータを調整する必要があります．

そのためには，図 3.16 に示すような，マルチメーターと呼ばれる道具の助けを借りるのが最適な方法です．マルチメーターはオンラインショップでわずか 10 ドル程度で購入できるはずです．

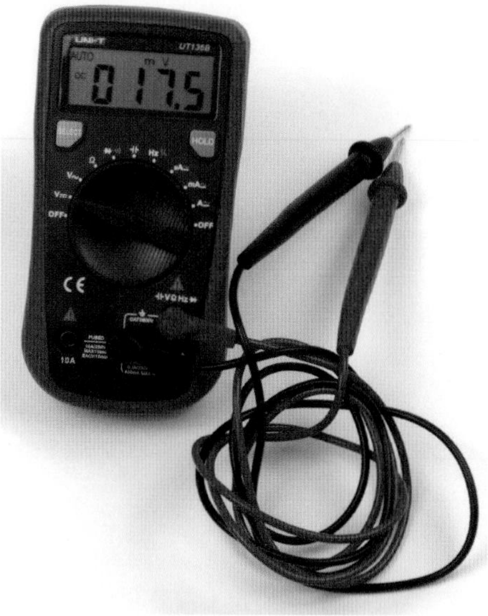

図 3.16 電圧を読み取るように設定したマルチメーター

マルチメーターは電子機器の測定器です．通常のマルチメーターは電圧，電流，抵抗を測定することができます．ここでは電圧の測定に興味があります．

電圧調整器には計測した電圧を表示する小さな LED 画面がついているものがあります．本書で使用している LM2596 モジュールは LED 画面があるので，理屈としてはマルチメーターは必要ありませんが，マルチメーターを使って出力電圧を再確認することは良いことです．マルチメーターは今後も役に立つので，賢明な投資になると思います．

Pi への電力の供給は，GPIO ピンを介して行います．あわてずに以下の手順に注意深く従えば，Pi を壊すことなく電源が供給されるようになるでしょう！ しかし，心配しすぎないでください．Pi に電源を供給するこの方法は十分にテストされていて，正しく行えばまったく問題ありません！

コンバータを設定する

以下の手順で降圧コンバータを設定することから始めましょう．まだ Raspberry Pi には接続しないでください．いったん図 3.20（p.76）の回路図に進み，設定が済んだ降圧コンバータを確認します．降圧コンバータの拡大写真も図 3.18（p.74）で確認してください．その後，以下の手順で設定を進めます．

1. 電池ホルダーから出ている 2 本のワイヤーを，ブレッドボードの別々の行と列に接続します．ほとんどのブレッドボードには，それぞれの辺に赤と青の線があるか，あるいは，プラス記号とマイナス記号がそれぞれ隅に記された 2 本の列があります（電源レールと呼びます）．正と負の電源ワイヤーをどちらに接続したかを把握するために，電池ホルダーから出ている黒い負のワイヤーをブレッドボードの青色の負の電源レールに接続し，赤い正のワイヤーを赤色の正の電源レールに接続します．これらの電源レールについては図 2.4（p.40）を確認してください．

電池ホルダー	ブレッドボード
赤（正）のワイヤー	正の電源レール
黒（負）のワイヤー	負の電源レール

次に，降圧コンバータを接続します．ほとんどの LM2596 降圧コンバータモジュールは，プラスねじ端子が標準装備になっています．これらの端子にワイヤーを接続する際は，目的の端子のねじを緩めて，前面の穴にワイヤーを入れて，ねじを締めればしっかりと固定されます．

2. 赤と黒のオス-オスのジャンパワイヤーを 1 本ずつ，それぞれ正と負のレールに差します．このとき，オス-オスのジャンパワイヤーの端に触れないようにします．今度は VIN（電圧入力）と書かれた端子のねじを緩め，赤色の正のワイヤーを挿入し，ねじを締めます．そして，図 3.17 に示すように，黒色の負のワイヤーを LM2596 モジュールの同じ側にある GND と書かれたアース端子に差します．正と負のワイヤーが正しく接続されていることを確認してください！

図 3.17 LM2596 降圧コンバータに繋いだ 7V〜9V のワイヤーと GND のワイヤー

LM2596	接続
VIN	赤いワイヤー，正の電源レール
GND	黒いワイヤー，負の電源レール

3. 次に，マルチメーターの電源を入れて，電圧を測定できるように設定します．ほとんどのマルチメーターでは，真ん中のダイヤルをVに合わせます．赤い正のリード線を降圧コンバータのVOUT（電圧出力）端子に差して，マルチメーターの黒い負のリード線を同じ側のGND端子に差します（図3.18を参照）．マルチメーターには降圧コンバータの出力電圧の測定値が表示されているはずです．測定値については，まだ心配しないでください！

図3.18 降圧コンバータ

4. マルチメーターを接続した状態で，電圧がどのように変化するかを確認しながら，降圧コンバータの上部にある調整ねじをねじ回しを使って回します（図3.18を再度確認してください）．調整ねじを回すにつれて，電圧の測定値が変化します．どちらに回すべきかがわかったら，図3.19に示すように，マルチメーターに5V（±0.1V）と表示されるまでねじを回し続けます．これにはちょっとした試行錯誤が必要です！

図 3.19 マルチメーターによる降圧コンバータの出力調整

5. マルチメーターが 5 V（± 0.1 V）を示したら，マルチメーターを降圧コンバータから抜いて，電源を切ります．

メモ：
Raspberry Pi に 5.1 V 未満で 5 V を多少超えた電圧をかけておくと効果的です．例えば，モーターの動作に伴って発生するわずかな電圧低下による，Pi の電源断を防ぐことができます．

コンバータを配線する

降圧コンバータの出力電圧を調整したら，Raspberry Pi に配線することができます．降圧コンバータを Pi に繋ぐ前に，電池ホルダーがオフになっていることを確認してください．もしくは，電池ホルダーから電池を抜いておいてください．

6. オス−メスのジャンパワイヤーを使います．赤を正に，黒を負（GND）に使用するのが慣例です．ジャンパワイヤーのオス側をコンバータのそれぞれの出力端子に接続します．いつものとおり，LM2596 モジュールの正出力（VOUT）に赤を，負出力（GND）に黒を接続します．そして，赤のワイヤーを Raspberry Pi の物理ピン 2 に接続します（+5 V）．最後に，GND ワイヤーを Pi の物理ピン 6 に接続します（GND）．回路図と，この段階のロボットの写真は図 3.20 を参照してください．「Raspberry Pi の GPIO ピン配置図」(p.202）も参照してください．

図 3.20 降圧コンバータの回路図（上）と，LM2596 コンバータの配線が済んだロボット（下）

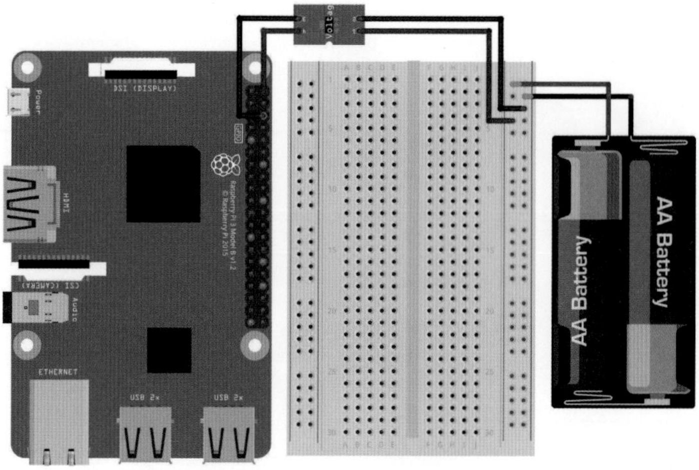

警告：
先に進む前に，配線や降圧コンバータが供給する電圧が適正であることを再確認してください．疑わしい場合は，電源を入れる前に Pi への配線を外し，マルチメーターを使って再度電圧を確認してください．何回確認しても損はありません！

お疲れさまでした．Pi の GPIO ピンに降圧コンバータを配線することができました！ 電池ホルダーの電源スイッチをオンにする（もしくは，取り出した電池を戻す）と，micro USB ポートに電源を繋いだときと同じように，Raspberry Pi が起動します．

モーターを接続する

ロボットの土台をつくる最終段階として，モーターとモーターコントローラ，そしてモーターコントローラと Pi を繋ぎます．本書と違うモーターコントローラを使用している場合は，以下の手順が異なるかもしれないことに注意してください．

L293D モーターコントローラを接続する

以下の手順は，本書で使用している L293D モーターコントローラチップのものです．

警告：
始める前に，Raspberry Pi に電源が供給されていないこと，つまり，電池ホルダーの電源が切ってあるか，電池を抜いてあることを確認してください．配線する前にこの確認をすることは，誤ってショートさせて部品や Pi を破損することを防ぐためにとても重要です．

1. L293D をブレッドボードにしっかりと差します．このとき，すべての足を別々の行に差し，他の部品と接続されないようにしてください．そのためには，図 3.21 に示すように，ブレッドボードの真ん中にあるすきまをチップがまたぐように配置します．L293D のような IC の足はまっすぐになっていないことが多いので，ブレッドボードにはめるのに苦労することがあります．その場合は，L293D の両側を平らな面に軽く押し当てて，あらかじめ足を正しい角度に曲げてください．

図 3.21 ブレッドボードに差した L293D

2. L293D には 16 本の足があり，どれもラベルがついていないので，接続する際は図 3.22 のピン配置図を参照する必要があります．通常この情報はチップのデータシートでも見つけられます．IC は左上のピンから時計回りに番号が振られています．L293D のピン 1 はチップの上部にある切り欠きの左にあります．ピン 1 の隣のチップ上にドットがあることもあります．

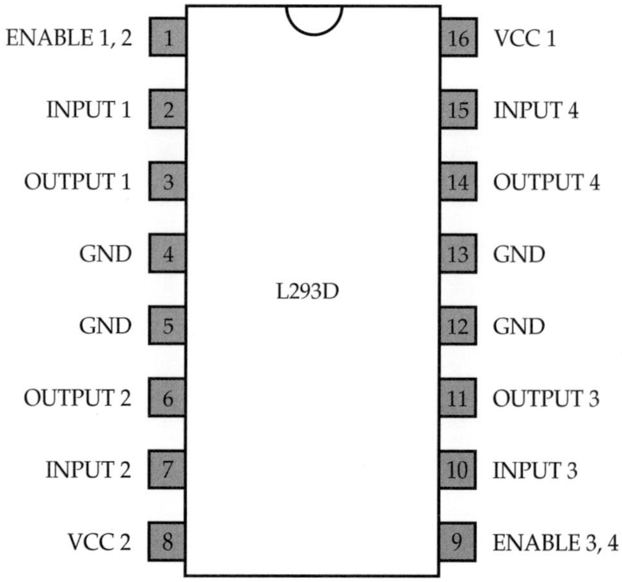

図 3.22 L293D のピン配置図

メモ：
ブレッドボードの両方の電源レールを使っていることに気づいたでしょうか．一方の電源レールには電池から +7〜9 V が，もう一方の電源レールには Raspberry Pi から +5 V が供給されています．この電圧の違いのため，部品を間違った電源レールに接続しないよう再確認することが重要です！

3. L293D が機能するためには，独自の電源が必要です．これを Raspberry Pi の 5 V ピンから供給します．すでに 1 番目の 5 V ピンを使ってしまっているので，オス-メスのジャンパワイヤーで，Pi の 2 番目の 5 V ピン（物理ピン 4）を，ブレッドボードの端にある，何も差していないほうの赤い電源レールに接続します．次に，もう 1 本のオス-メスのジャンパワイヤーを使って，Pi の GND ピン（物理ピン 9）を，同じ側にある青い電源レールに接続します．図 3.23 を参照してください．前に配線した電源レールには何も接続していないことを確認してください！

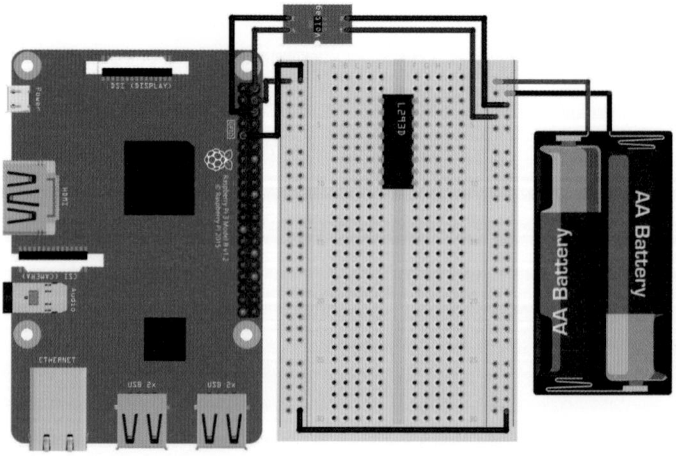

図 3.23 Pi の電源レールに接続した L293D と，GND 同士の接続

4. 次に，2 つの電源レールの GND 同士を接続します．黒いオス-オスのジャンパワイヤーで，一方の青い電源レールともう一方の青い電源レールを接続します．これにより，図 3.23 に示すように，Pi の GND レールと電池の GND レールが繋がります．接続された GND を**共通 GND** と呼びます．
5. 次に，ワイヤーを使って，L293D のピン 16（VCC 1）と 5 V の正の電源レール（Pi の 5 V ピンに接続したほう）を接続します．これでチップに電源を供給します．これができたら，L293D のピン 4，5，12，13 にある GND ピンを共通 GND に接続します．図 3.24 の回路図を参考にしてください．

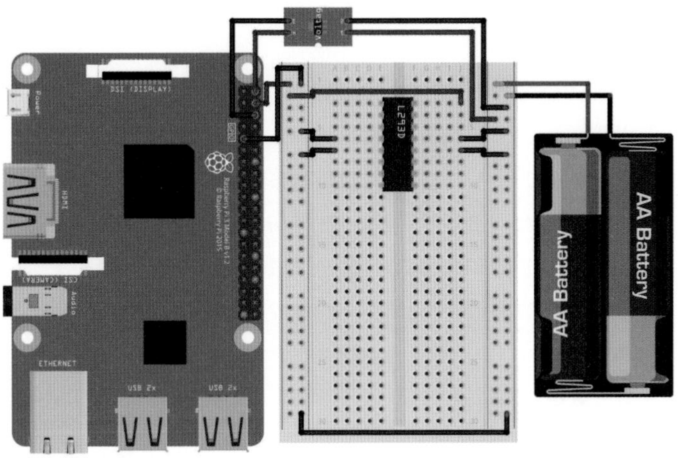

図 3.24 L293D と 5 V 電源，および 4 つの GND ピンの接続

6. モーターの電源を接続します．モーターの電源は電池ホルダーから直接供給します．電池ホルダーに接続されている +7 V〜9 V の電源レールを L293D のピン 8（VCC 2）に配線します．今回はチップではなく，モーターに電源を供給します．図 3.25 に接続の様子を示します．

メモ：
ジャンパピンの長さによっては，配線が不恰好になってこんがらがってしまうことがあります．いろいろな長さのブレッドボードワイヤーが入ったセットを持っている場合は，ここで短いジャンパワイヤーを使うとブレッドボードがすっきりします．あるいは，単心線を買ってきて，適切な長さに切断して被覆をむく方法もあります．

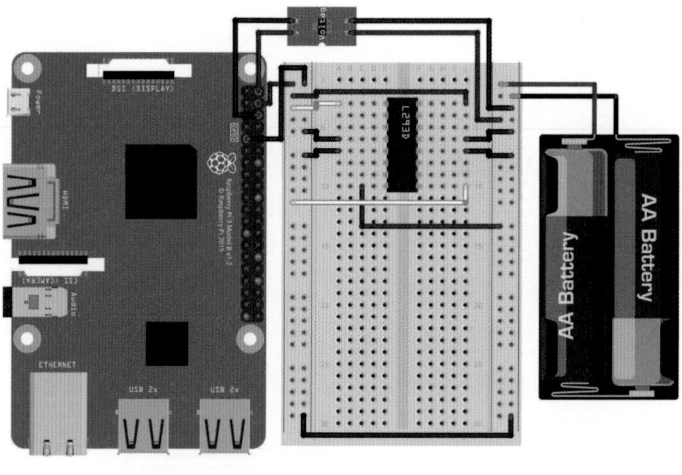

図 3.25 L293D の Enable ピンから Pi の 5V 電源レールへの接続

7. L293D には Enable ピンが 2 本あります．これらがオンでない場合（つまり，High の電圧がかかっていない場合），L293D に接続されたモーターは命令に反応しません．Enable ピンを常時オンにするには，L293D のピン 1（Enable 1，2）とピン 9（Enable 3，4）を Pi の 5V に接続した正の電源レールに接続します．図 3.25 では，この接続を白いジャンパワイヤーで示しました．

モーターを取り付ける

これで，L293D にモーターを接続できるようになりました．

8. 1 つ目のモーターの一方のワイヤーを L293D チップのピン 3（Output 1）に接続し，同じモーターのもう一方のワイヤーをピン 6（Output 2）に接続します．2 つ目のモーターの 2 本のワイヤーのうち，1 本目をピン 11（Output 3）に，2 本目をピン 14（Output 4）に接続します．これにより，配線は図 3.26 のようになります．

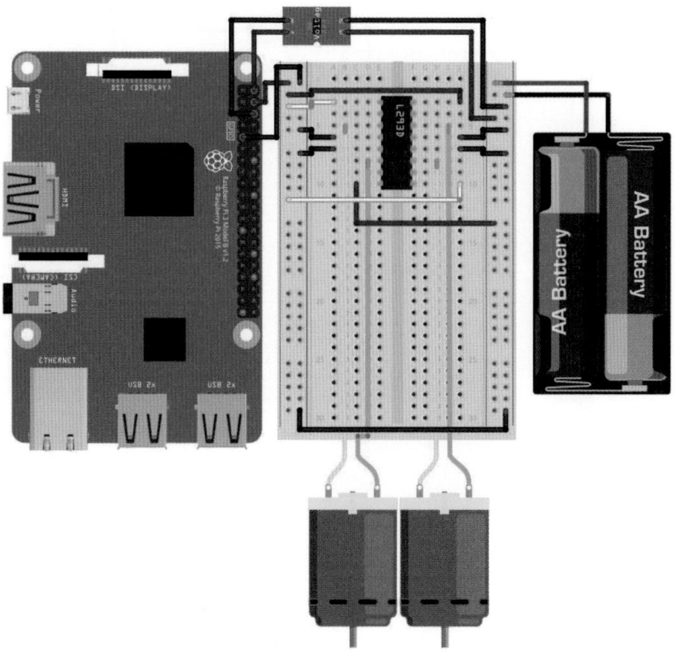

図 3.26 L293D の出力に接続した 2 つのモーター

配線を仕上げる

配線作業の最終段階では，Pi の GPIO ピンを L293D の入力に接続します．それぞれのモーターが機能するためには，2 本の GPIO ピンが必要です（この仕組みについては，次章で説明します）．つまり，2 個のモーターを駆動させるためには，合計で 4 本の GPIO ピンが必要になります．

9. オス−メスのジャンパワイヤーを使い，Pi の物理ピン 11（BCM 17）と L293D のピン 2（Input 1）を接続します．もう 1 本のジャンパワイヤーを使って Pi の物理ピン 12（BCM 18）と L293D のピン 7（Input 2）を接続します．これで 1 つ目のモーターの配線が完了しました．この段階では，ブレッドボードは図 3.27 のようになっているはずです．図では，今配線したワイヤーをピンクで示しています．

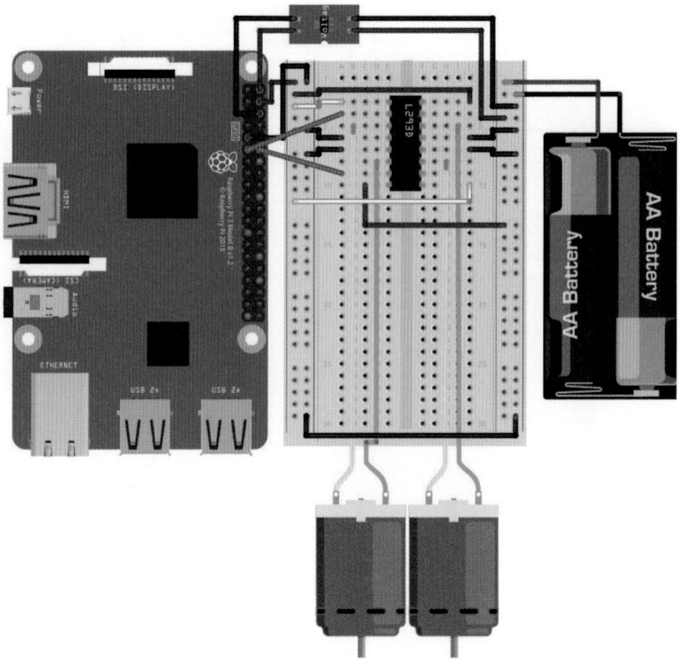

図 3.27 Pi から L293D に接続した 1 つ目のモーターの入力制御ピン

10. 最後に，2 つ目のモーターを GPIO ピンに配線します．これは，別のジャンパワイヤーを使って，Pi の物理ピン 13（BCM 27）と L293D のピン 10（Input 3）を接続することで行います．そして，Pi の物理ピン 15（BCM 22）と L293D のピン 15（Input 4）を接続します．

おめでとうございます！ モーターとモーターコントローラの配線が完了しました．ブレッドボードは図 3.28 のようになっているはずです．図では，今配線したワイヤーを紫で示しています．また，すべての配線が終わったロボットの写真も示しました．

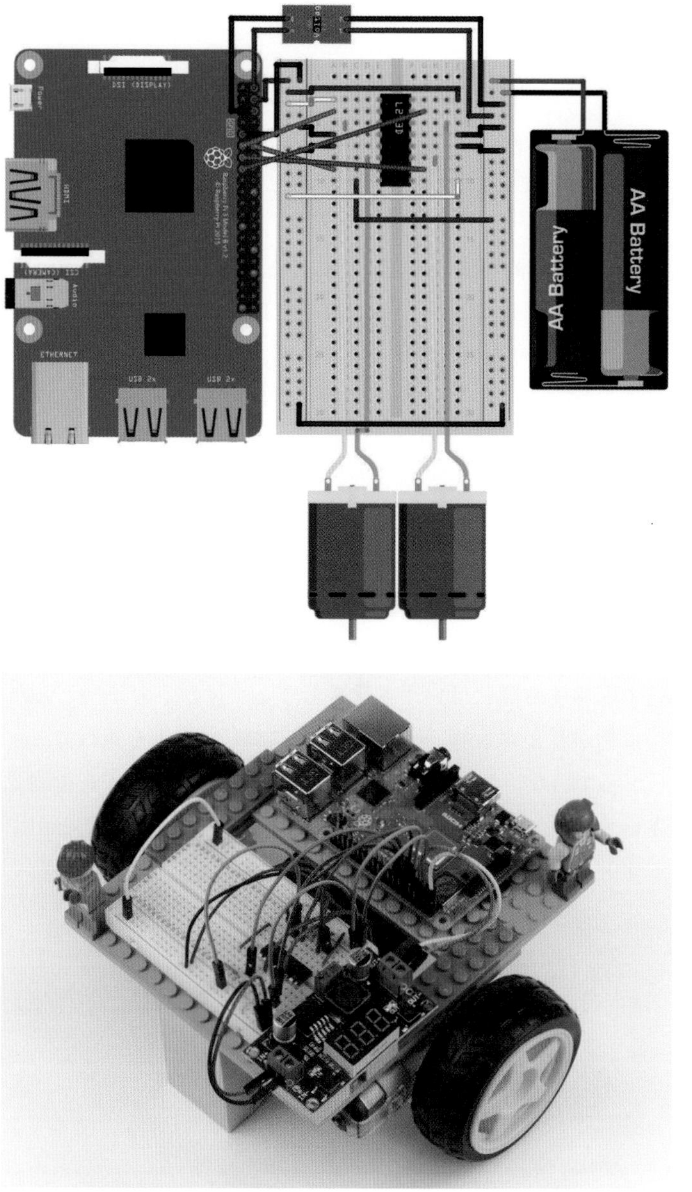

図 3.28 2つのモーターの入力を Pi から L293D に接続し，完成した回路（上）と，ロボットの写真！(下)

ロボットをカスタマイズする

車台の組み立てと配線が完了しましたが，そのままでは退屈なロボットに見えるかもしれません．できあがったロボットをカスタマイズしてみませんか？ 色をつけてみよう！ 車台を華やかにしよう！ 気づかれたと思いますが，私はレゴのミニフィギュアをいくつか乗せてみました．

ロボットの物理的な部分が完成しました．次のステップはプログラミングです．次章では，プログラムを書いて Raspberry Pi に実行させることで，ロボットをリモコンカーのように動き回らせます！

まとめ

本章では，たくさんのことを行いました！ なぜ 2 輪ロボットが良いのかを考え，2 輪ロボットをつくるために必要な材料と仕様を検討し，土台を製作しました．そして，Pi の配線，電源の接続，モーターの取り付けなどを経て，自分だけのロボットを一からつくり上げました．

回路を配線する際にはいつも言えることですが，ちょっとした根気が成功に繋がります！ 次章に進む前に，本章の復習を兼ねて，回路がショートしていないか，すべてが正しく接続されているかを再確認してください．そうすれば，次章で問題なくロボットを動かすことができるでしょう！

第4章
ロボットを動かす

この段階では，まだ何もしない，かわいらしい見た目の Raspberry Pi ロボットです！ 配線が終わったハードウェアを働かせるためには，Pi に実行させるプログラムを書く必要があります．

本章では，Python で書いたプログラムを使ってロボットを動かす方法を紹介します．前提知識として，モーターコントローラに用いられている H ブリッジについて説明した上で，決まった経路で基本的なロボットの動きを確認し，次に Wii リモコンでロボットを動かせるようにします．そして，モーターの回転速度を変更できるようにします．

部品リスト

本章のほとんどはロボットのコーディングを扱いますが，遠隔操作を可能にするのにいくつか部品が必要になります．

- Wii リモコン
- Pi 3B より古い Pi や Zero W を使用している場合は Bluetooth ドングル

H ブリッジを理解する

ほとんどの単体のモーターコントローラは，**H ブリッジ**と呼ばれる電子工学の考え方に基づいています．本書で使用している L293D モーターコントローラチップは，2 つの H ブリッジを内蔵しているので，ロボットは 1 つのチップで 2 個のモーターを制御することができます．

H ブリッジは，負荷（通常はモーター）に電圧を双方向に印加できる電子回路です．ロボットの制御においては，これはモーターを「前進」と「後退」の両方に駆動できることを意味しています．

1つのHブリッジは，トランジスタでつくられた4つの電子スイッチを，図4.1にあるS1，S2，S3，S4のように配置したものです．この電子スイッチを操作することで，Hブリッジは1つのモーターに対して双方向の電圧の流れを制御します．

図 4.1 Hブリッジ回路

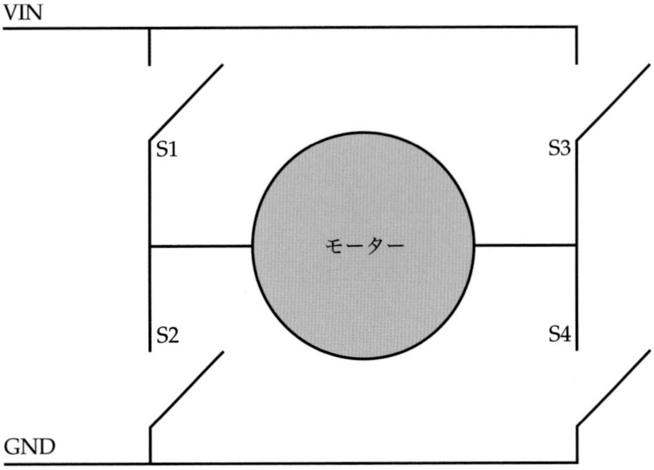

すべてのスイッチが開いている場合，モーターに電圧は印加されず，モーターは動きません．S1とS4だけが閉じられたとき，モーターに一方向に電流が流れ，モーターが回転します．S3とS2だけが閉じられたとき，逆方向に電流が流れ，モーターが逆回転します．

L293Dの設計では，S1とS2を同時に閉じてしまうと，電源が短絡して破損してしまいます！ これはS3とS4についても同様です．

L293Dはスイッチの操作をさらに抽象化したもので，第3章で配線したように，1個のモーターにつき2つの入力しか必要ありません（2個のモーターなら4入力）．モーターの動作は，どの入力が高く，どの入力が低いのか（それぞれ1か0）に依存します．表4.1は1個のモーターを制御するための入力の選択肢をまとめたものです．

表 4.1 入力に基づくモーターの動作

入力1	入力2	モーターの動作
0	0	モーターをオフにする．
0	1	モーターを順方向に回転させる．
1	0	モーターを逆方向に回転させる．
1	1	モーターをオフにする．

以下では，PythonライブラリのGPIO Zeroを使い，PiのGPIOピンとモーターコントローラを接続します．この場合，ライブラリがモー

ターの基本的な動きを制御してくれるので，特定の GPIO ピンを自分でオン・オフする必要はありません．

ロボットを初めて動かす

さて，いよいよロボットを動かします！ これはロボット工学の旅で最も興奮するステップです！ まず，基本的なモーターの機能を習得した上で，ロボットをリモコン操作したり，速度を変えたりと，順にステップアップしていきましょう．本節では，決められた経路に沿ってロボットが動くようにプログラミングします．

事前に決めた経路でロボットを動かす

ロボットに取り付けた Raspberry Pi を起動し，SSH でログインします．プログラミングをしている間はロボットは動かさないので，電池を抜いて，コンセントに接続した micro USB ケーブルから Pi に電源を供給するとよいでしょう．

ターミナルで，ホームディレクトリからコードを保存するためのディレクトリに移動します．私と同じディレクトリ名を使っている方は，次のようにして robot ディレクトリに移動します．

```
pi@raspberrypi:~ $ cd robot
```

次に，新たに Python プログラムを作成し，Nano テキストエディタで編集します．次のコマンドを入力してください．私はプログラムに first_move.py という名前をつけました．

```
pi@raspberrypi:~/robot $ nano first_move.py
```

ここで，ロボットを通らせる経路を考える必要があります！ 本書で使用する DC モーターでは，進む距離，つまり軸の回転数を決めて，その分だけモーターを動かすことはできませんが，一定時間の間動かすことはできます．つまり，正確な距離を決めた経路を設定することは不可能で，それに近いものになります．

まずは単純に，図 4.2 のように，ロボットが四角く走るようにしましょう．

図 4.2 ロボットを走らせる経路

first_move.py ファイルにリスト 4.1 のコードを入力して，四角い経路をプログラムします．

リスト4.1 ロボットを四角く動かすプログラム

```
import gpiozero
import time

❶robot = gpiozero.Robot(left=(17,18), right=(27,22))

❷for i in range(4):
    ❸robot.forward()
    ❹time.sleep(0.5)
    ❺robot.right()
    ❻time.sleep(0.25)
```

プログラムは，おなじみの Python ライブラリである gpiozero と time を取り込むことで始まります．そして，変数 robot を作成し，GPIO Zero ライブラリの Robot オブジェクトを代入します（❶）．

Python における**オブジェクト**は，変数（情報の断片）と関数（タスクを実行するために事前に定義された命令の集合）を保持する手段の 1 つです．つまり，変数にオブジェクトを代入したとき，その変数は，自身が知っている情報や実行できる命令があらかじめ定義されているということになります．オブジェクトは，これらの機能をその**クラス**から取得します．それぞれのクラスは，自身の関数（**メソッド**と呼ばれます）と変数（**属性**と呼ばれます）を持っています．これらは Python の高度な機能であり，今の段階ではあまり気にする必要はありません．GPIO Zero のような Python ライブラリが提供する定義済みのクラスをいくつか使い，楽をしていることを知っておくだけで構いません．

GPIO Zero ライブラリには，2 輪のロボットをいろいろな方向に動かすためのさまざまな関数を備えた `Robot` クラスがあります．`left` と `right` に代入されているかっこ内の値のペアに注目してください（❶）．これらは配線した L293D の入力ピンを表します．第 3 章の配線にきちんと従った場合，4 つの GPIO ピンは 17，18 と 27，22 であるはずです．

このプログラムでは `for` ループという新しい種類のループも使っています（❷）．第 2 章では，LED を点滅させたり，ボタンから入力を得たりするときに `while` ループを使いました．`while` ループはある条件が満たされている間，無限にその中身を繰り返すのに対し，`for` ループは決まった回数だけコードブロックを繰り返します．このループの構文 `for i in range(4):` は，「以下を 4 回繰り返す」という意味です．

この `for` ループが繰り返すブロックは，まず，ロボットに前進することを命令し（❸），ロボットが動く時間を与えるために 0.5 秒待ちます（❹）．結果として，両方のモーターが 0.5 秒間前進することになります．

ロボットに右に回転するように指示して（❺），右折を完了させるために 0.25 秒間待ちます（❻）．ロボットにこの指示をすることで，モーターに対して 0.5 秒前に発行した前進命令は，この新しい命令に置き換えられます．

この「前進して右折する」動作を，合計で 4 回繰り返します．ロボットを四角く走らせようとしていますが，四角には 4 つの辺があるので，それぞれについて前進と右折を繰り返すわけです．

プログラムを書き終えたら，いつものように CTRL+X を押して Nano を終了し，作業内容を保存します．次に，プログラムを実行してロボットを動かしてみましょう！

GPIO Zero の `Robot` クラスは全方向へのコマンドと基本機能のコマンドを持っています．それらをまとめたのが，表 4.2 です．

表 4.2 `Robot` クラスのコマンド

コマンド	機　能
`robot.forward()`	2 つのタイヤを前進させる．
`robot.backward()`	2 つのタイヤを後退させる．
`robot.left()`	右タイヤを前進，左タイヤを後退させる（左回転）．
`robot.right()`	左タイヤを前進，右タイヤを後退させる（右回転）．
`robot.reverse()`	ロボットの現在のタイヤの方向を逆にする（例：前進していたら後退させる．左回転していたら右回転させる）．
`robot.stop()`	2 つのタイヤを停止させる．

プログラムの実行：ロボットを動かす

プログラムを実行する前に，Raspberry Pi にコンセントから電源を供給していた方はそれを抜き，電池ホルダーの電源を入れてください．また，ロボットは障害物や危険物がない，比較的広くて平らな場所に置いてください．カーペットのような滑らかでない床では，ロボットが動けなくなったり，動こうと四苦八苦することになるかもしれません．四苦八苦しているモーターはより多くの電流を消費しますし，完全に立ち往生していると，電子機器を破損するかもしれないので，必ず滑らかで広く平らな場所を選んでください！ 表面が平らであればあるほど，ロボットはよく走ります．

また，ロボットや近くの物や人などが危険にさらされたときに，ロボットをすぐに「捕まえられる」ところが良いでしょう．例えば，ロボットが階段を降りようとしたり，猫が邪魔をしに来たりするかもしれません．

プログラムを実行するには，無線で Pi のターミナルに SSH でアクセスして，次のコマンドを入力します．

```
pi@raspberrypi:~/robot $ python3 first_move.py
```

ロボットが動き出すはずです．すべてがうまくいっていれば，四角い経路を動いて，1 周したら停止し，プログラムが勝手に終了します．その前にロボットを止めたいときは，キーボードの CTRL+C を押すと，すぐにモーターが停止します．

トラブルシューティング：ロボットがちゃんと動かない！

ロボットが本来の動きをしていなくても，心配はありません．通常，誤動作はよくあるいくつかのパターンに分類され，簡単に解決できるはずです！ 以下のトラブルシューティングは，たいていの誤動作の解決に役立つでしょう．

ロボットの動きがおかしい

first_move.py プログラムを実行して最もよく起きる問題は，ロボットは動くが正しくないというものです．前進のはずが後退したり，右折のはずが左折したりするケースです．その場で回転してしまうこともあるかもしれません！

この動作は簡単に修正できます．前に説明したとおり，DC モーターには特定の極性を持たない 2 つの端子があります．つまり，モーターに流れる電流の方向がたまたま逆だと，モーターは意図とは逆の向きに回転してしまうのです．したがって，逆回転しているモーターについて，モーターコントローラの出力端子に接続されているワイヤーを入れ換えれば解決します．例えば，L293D の Output 1 と Output 2 に接続されているワイヤーを入れ換えます．第 3 章の関連する説明と図を参照してください．

モーターが動かない

プログラムは走っているが，ロボットが動かない，もしくは，片方のタイヤしか回らないときは，配線に問題があると考えられます．前の章に戻って，指示どおりにすべて接続されているかを確認してください．モーターとの接続がしっかりしているか，緩んでいるワイヤーがないかを確認します．正しく配線されていることが確認できたら，電池が充電されているか，個々のモーターに必要な電力が供給されているかを確認します．

モーターが回転し始めたときに Raspberry Pi がクラッシュしてしまう場合は，電源に問題がある可能性があります．降圧コンバータの設定を確認してください．本書で使っている降圧コンバータ以外のものを使っている方は，それが原因かもしれません．その場合は，本書でお勧めするコンバータをお使いください．

ロボットの動きが異常に遅い

ロボットの動きが遅いのは，モーターに十分な電力が供給されていないためです．モーターに必要な電圧を確認し，必要な電力が供給されているかを確認してください．モーターは，例えば 3 V から 9 V までの範囲の電圧で動作します．その場合は，その範囲内の今より高い電圧を試してください．電池を交換して電圧を変えた場合は，降圧コンバータを再設定し，5.1 V 以上の電圧を Raspberry Pi に供給しないようにしてください．

また，ギアによりモーター自体が低い毎分回転数に調整されている場合もあります．そうであれば，ロボットの動作は遅くても，おそらくトルクは大きいはずです．回転数とトルクはトレードオフの関係にあります．

ロボットがプログラムした経路をたどらない

プログラムが走り，ロボットが適切な速度で動き始めても，計画したとおりの経路をたどらない場合があります．これも心配ありません！ モーターの特性はそれぞれ違うので，プログラムにはそれに見合った調整が必要です．例えば，モーターがロボットを約 90 度回転させるのに 0.25 秒では不足するかもしれません．プログラムの for ループの中の sleep()，forward()，right() に与える引数を調整してみましょう．

ロボットを遠隔操作する

ロボットに一定の基本動作をさせることに成功したので，次のプロジェクトとして，ロボットを遠隔操作で自由に動かせるようにします．つまり，あらかじめ決めた経路に制限されることなく，リアルタイムに動きを自由に制御できる仕組みをつくります！

具体的には，このプロジェクトの目的は，無線のコントローラでロボットを誘導できるようにプログラムすることです．これにより，Nano を開いてコードを修正することなく，ロボットの動きを即座に変えることができるようになります．

【訳注】日本で Wii リモコンと呼ばれていたものは，ヨーロッパでは Wi-imote, 欧米では Wii Remote という名前で販売されていました．

Wii リモコン

無線のコントローラでロボットを制御するためには，まず無線のコントローラそのものが必要です！ 私たちのロボットに最適な無線コントローラは，図 4.3 に示す任天堂の Wii リモコン（Wiimote）です．

図 4.3 Wii リモコン

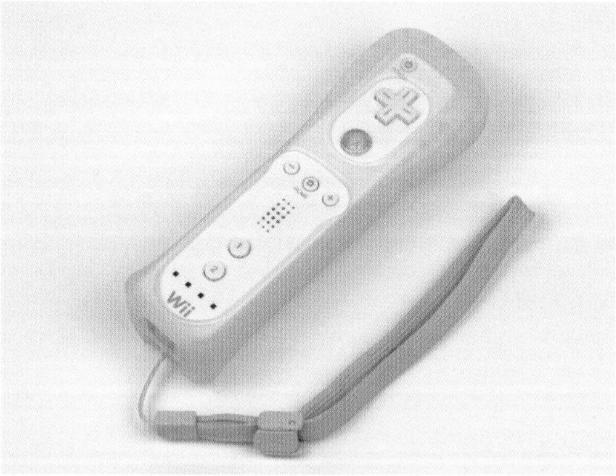

警告：
Raspberry Pi に対して正常に機能させるために，Wii リモコンは任天堂ブランドの公式モデルを使ってください．かなりの数の他社製の Wii リモコンが公式の Wii リモコンより安い値段で出回っていますが，cwiid ライブラリと組み合わせて正常に機能するとは限りません．

Wii リモコンは，Bluetooth を搭載し，リモコンの動きを検知できるセンサーとボタンがついた，とても便利な小型のコントローラです．Wii リモコンは，もともと任天堂のゲーム機である Wii のためにつくられたものですが，幸い cwiid と呼ばれるオープンソースの Python ライブラリがあって，Raspberry Pi のような Linux が動くコンピュータに接続して Wii リモコンと通信することができます．以下では，cwiid を使って Wii リモコンから指示を受け取り，ロボットのモーターを制御できるようにします．まだ Wii リモコンを持ってない方は，手に入れる必要があります．Wii リモコンは新品も中古も広くオンラインショップで販売されています．eBay などのサイトや中古ショップで安い中古品を手に入れることをお勧めします．私は 15 ドル足らずで購入できました．

ロボットに搭載されている Raspberry Pi と Wii リモコンをペアリングするのに Bluetooth を使います．Bluetooth は，スマートフォンなどの最近の機器が近距離でのデータ通信に用いる無線技術です．Pi Zero W や Raspberry Pi 3 Model B+ のような最新の Raspberry Pi モデルには，Bluetooth 機能が搭載されています．初代の Raspberry Pi や Pi 2 のような Raspberry Pi 3 Model B より前のモデルには搭載されていません．したがって，Wii リモコンと接続するには，図 4.4 のような Bluetooth USB アダプタ（ドングル）を入手する必要があります．

図 4.4 Raspberry Pi で使える 3 ドルの Bluetooth ドングル

ドングルはオンラインショップで 5 ドル以下で購入できます．「Raspberry Pi 互換 Bluetooth ドングル」で検索してください．

【訳注】日本で販売されている Raspberry Pi で動作する Bluetooth ドングルには，プラネックス社の BT-MICRO4 [12] などがあります．

Bluetooth をインストールして使えるようにする

Wii リモコンを使うための Python プログラムを書き始める前に，Pi に Bluetooth パッケージがインストールされていることと，cwiid ライブラリを利用できることを確認する必要があります．コンセントから Raspberry Pi に電源を供給して，ターミナルから次のコマンドを実行します．

```
pi@raspberrypi:~ $ sudo apt update
```

そして，次のコマンドを実行します．

```
pi@raspberrypi:~ $ sudo apt install bluetooth
```

すでに Bluetooth パッケージがインストールされていたら，「bluetooth はすでに最新バージョンです」というメッセージが表示されるはずです．

次に，Python 3 用の cwiid ライブラリをダウンロードしてインストールします．GitHub（プログラマや開発者が，自分たちのソフトウェアを共有するウェブサイト）から，このコードを入手します．Pi のホームディレクトリで，以下のコマンドを実行します．

【訳注】 紙面の都合で折り返したコマンドは，行末に ⏎ をつけています．

```
pi@raspberrypi:~ $ git clone https://github.com/azzra/⏎
python3-wiimote
```

cwiid ライブラリのソースコードが Raspberry Pi にダウンロードされ，新しく ~/python3-wiimote ディレクトリがつくられてそこに保存されます．次の Python プログラムにとりかかる前に，まずソースコードを**コンパイル**しなければなりません．これはソースコードを実行可能なソフトウェアに変換し，デバイスで使えるように準備する手順です．

また，先に進む前に，さらに 4 つのソフトウェアパッケージをインストールする必要があります．次のコマンドにより，それらすべてを一度にインストールできます．

【訳注】 これらのパッケージは，cwiid ライブラリをコンパイルするのに必要です．

```
pi@raspberrypi:~ $ sudo apt install bison flex automake ⏎
libbluetooth-dev
```

続行するかと尋ねられたら，Y キーを押します．インストールが終了したら，cwiid ライブラリのソースコードのダウンロードで作成されたディレクトリに移動します．

```
pi@raspberrypi:~ $ cd ~/python3-wiimote
```

次に，以下のコマンドを順に実行して，ライブラリをコンパイルします．各コマンドはコンパイル処理の一部であり，その詳細について気にする必要はありません！ 最初の 2 つのコマンドは何も出力しませんが，残りのコマンドには出力があります．以下では，それらの初めの部分だけを示しています．

```
pi@raspberrypi:~/python3-wiimote $ aclocal
```

```
pi@raspberrypi:~/python3-wiimote $ autoconf
```

```
pi@raspberrypi:~/python3-wiimote $ ./configure
checking for gcc... gcc
checking whether the C compiler works... yes
checking for C compiler default output file name... a.out
checking for suffix of executables...
---以下略---
```

```
pi@raspberrypi:~/python3-wiimote $ make
make  -C libcwiid
make[1]: ディレクトリ '/home/pi/python3-wiimote/libcwiid' に入ります
---以下略---
```

最後に，cwiid ライブラリをインストールするために以下を入力します．

```
pi@raspberrypi:~/python3-wiimote $ sudo make install
make install -C libcwiid
make[1]: ディレクトリ '/home/pi/python3-wiimote/libcwiid' に入ります
install -D cwiid.h /usr/local/include/cwiid.h
---以下略---
```

メモ：
Python 3 の cwiid のインストールがうまくいかない場合は，作業手順が更新されていないかを本書のウェブサイト https://nostarch.com/raspirobots/ で確認してください．

無事にここまで来ると，Python 3 で cwiid が動くはずです！ ~/python3-wiimote ディレクトリから，他のコードがある robot ディレクトリに戻ります．

遠隔操作機能をプログラミングする

Wii リモコンのコードを保存する新しい Python プログラムをつくります．私は remote_control.py という名前をつけました．

```
pi@raspberrypi:~/robot $ nano remote_control.py
```

一般に，いきなりコードを書き始めるのではなく，何をしたいのか，まず計画を立てることが重要です．この場合は，具体的に Wii リモコンでロボットをどのように制御するのか，計画を立てましょう．

Wii リモコンは 11 個のデジタルボタンを持っています．これは，今回のシンプルなプロジェクトに必要な数より明らかに多そうです．私たちにとって興味深いのは，上下左右 4 方向へのボタンを持つ十字ボタン（D-pad）です．

【訳注】英語圏では Directional Pad を略して D-pad と呼ばれます．

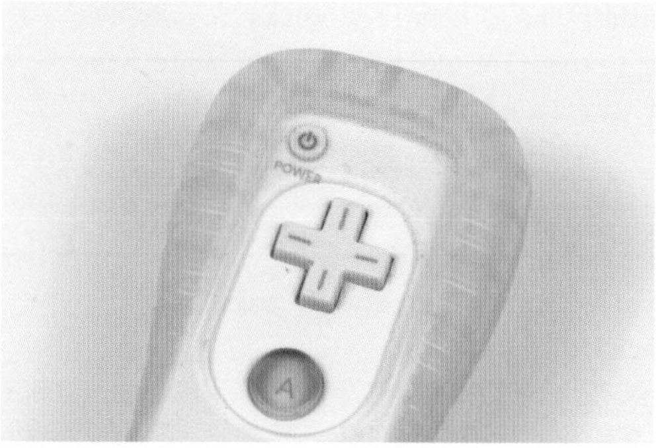

図 4.5 Wii リモコンの十字ボタン

上ボタンをロボットの前進に，右ボタンを右折に，下ボタンを後退に，左ボタンを左折に割り当てれば，私たちの目的にぴったり合います．

ロボットを停止させるボタンも必要です．Wii リモコンの裏面にある B ボタンがこれに適しています．

計画した内容を実行するコードを Nano で書いてみましょう．リスト 4.2 に示すプログラムを，`remote_control.py` に保存します．

リスト4.2 Wii リモコンの十字ボタンと B ボタンでロボットを動かすプログラム

```
import gpiozero
import cwiid

❶robot = gpiozero.Robot(left=(17,18), right=(27,22))

print("Wii リモコンのボタン 1 とボタン 2 を同時に長押ししてください")
❷wii = cwiid.Wiimote()
print("接続しました")
❸wii.rpt_mode = cwiid.RPT_BTN
while True:
  ❹buttons = wii.state["buttons"]

  ❺if (buttons & cwiid.BTN_LEFT):
        robot.left()
    if (buttons & cwiid.BTN_RIGHT):
        robot.right()
    if (buttons & cwiid.BTN_UP):
        robot.forward()
    if (buttons & cwiid.BTN_DOWN):
        robot.backward()
    if (buttons & cwiid.BTN_B):
        robot.stop()
```

これまでと同じ gpiozero と，新しい cwiid ライブラリを取り込むことから始めます．そして，Robot オブジェクトを設定します（❶）．

続くコードブロックで，Wii リモコンを設定します．Robot オブジェクトと同様の扱い方で，Wiimote オブジェクトを変数 wii に代入します（❷）．このプログラムを実行したとき，この行に来ると，Raspberry Pi と Wii リモコンの間でペアリングのハンドシェイクが行われます．このときロボットを操作する人は，Wii リモコンのボタン 1 とボタン 2 を同時に押し続けることで，Bluetooth の検出可能モードにしなければなりません．そこで，それを促すための print() 文を ❷ の前に置いています．

ペアリングに成功すると，メッセージを表示します．Wii リモコンのレポートモードをオンにして，Python がさまざまなボタンや機能の値を読み取れるようにします（❸）．

このあと，while による無限ループを使って，ロボットにそれぞれのボタンが押されたときに何をしたらよいかを知らせます．ループするブロックの先頭で，Wii リモコンの現在の状態を読み取り，どのボタンが押されたのかを確認します（❹）．この情報は変数 buttons に記録されます．

次に，if 文を使ってそれぞれのボタンに動作を割り当て，その実行をロボットに指示します（❺）．例えば，最初の if 文は，十字ボタンの左が押されたらロボットに左折するように指示し，最後の if 文は，B ボタンが押されたら停止を指示します．

いつものとおり，プログラムを書き終えたら，Nano を終了して作業内容を保存します．

プログラムの実行：ロボットを遠隔操作する

ロボットを広い平らな面に置いて，Wii リモコンを手もとに置きます．Bluetooth ドングルを使う必要がある Pi では，USB ポートにドングルを差すことを忘れないようにしてください．プログラムを実行するために，SSH でターミナルを使って次のコマンドを入力します．

```
pi@raspberrypi:~/robot $ python3 remote_control.py
```

プログラムが走り出すとすぐに，Wii リモコンのボタン 1 とボタン 2 を長押しするメッセージが，ターミナルに表示されます．成功のメッセージが出るまで，これらのボタンを押し続けなければなりません．これには最大で 10 秒程度かかることがあります．Bluetooth のハンドシェイクの処理は気難しいので，長押しのメッセージが出たらすぐにボタンを押すようにしてください．

ペアリングに成功すると，「接続しました」と表示されます．一方，ペアリングに失敗すると，「No wiimotes found」（Wii リモコンが見つかりませんでした）というエラーメッセージが表示され，プログラムが停止します．任天堂の公式 Wii リモコンを使っている場合，おそらくこれは，ボタン 1 とボタン 2 を押すのが遅かったためでしょう！ 同じコマンドをもう一度実行して，再度試してください．

Wii リモコンとの接続がうまくいくと，ボタンを押すだけで，思いどおりにロボットを動かせるはずです！ Wii リモコンの裏面にある B ボタンにより，いつでも両方のモーターを止めることができます．プログラムを停止するには，いつものように CTRL+C を押します．

モーターの回転速度を変える

今までのロボットは，時速 0 km か最高速かという 2 つの速度しかありませんでした！ お気づきだと思いますが，これでは不便です．全速力で動いているロボットの正確な操作はほぼ不可能ですから，おそらく何回か物にぶつかったことでしょう．幸いなことに，これしかないわけではありません．ロボットの速度を制御してみましょう．

この節のプロジェクトでは，前回のプロジェクトを改善して，いろいろなモーター速度で走る遠隔操作ロボットをつくります．これをするために，**パルス幅変調**（pulse-width modulation; PWM）技術を導入し，Python の GPIO Zero ライブラリの中でどのように使用されているかを説明します．また，Wii リモコンに搭載されている**加速度計**と呼ばれる特殊なセンサーを有効活用して，大幅に改良された遠隔操作プログラムをつくります！

PWM の仕組みを理解する

Raspberry Pi は**デジタル出力**はできますが，**アナログ出力**はできません．デジタル信号はオンとオフのどちらかしかなく，その間はありません．一方，アナログ出力は無電圧，全電圧，そしてその間の任意の電圧をとることができます．Raspberry Pi の GPIO ピンはいつもオンかオフ，つまり無電圧か全電圧のいずれかです．この理屈でいくと，Pi の GPIO に接続されたモーターは止まっているか，全速力で回るかのどちらかしかありません．つまり，例えば速度を半分にするために Pi の GPIO ピンを「半分の電圧」にすることはできないということです．幸い，PWM 技術でこれに近いことができます．

PWM を理解するために，まず図 4.6 のグラフを見てください．これは，デジタル出力の状態が Low から High に変わる状態を表しています．具体的には，Pi の GPIO ピンの 1 つをオンにすることで，電圧が 0 V から 3.3 V に変化しています．

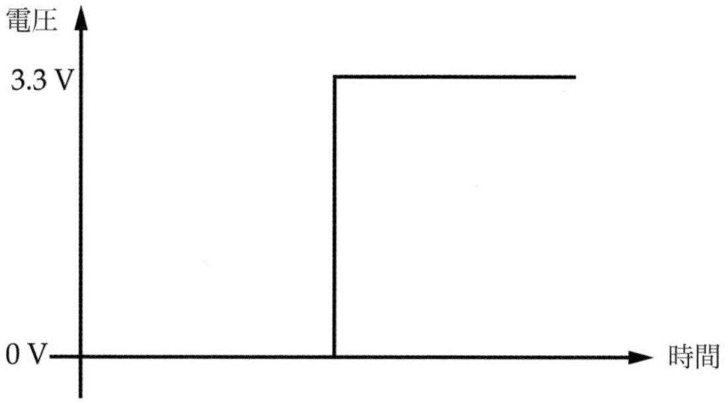

図 4.6 Low（0 V）から High（3.3 V）への状態変化

PWM は，GPIO ピンを高速にオン・オフすることで，デバイス（ここではモーター）に対して，それらの中間の値であるかのように見せかける仕組みです．これにより，0 V から 3.3 V の間の電圧が実現します．この見せかけの電圧は，デューティサイクルに依存します．**デューティサイクル**とは，一定期間に信号がオンになっている時間とオフになっている時間とを比較した比率のことで，パーセントで与えられます．25% のデューティサイクルは，時間の 25% が High の信号で，時間の 75% が Low の信号であることを意味し，50% のデューティサイクルは，High と Low の信号がともに時間の 50% を占めることを意味します．

図 4.7 に示すように，出力電圧（緑色の破線）はデューティサイクルに比例します．例えば，Raspberry Pi では，GPIO ピンを 50% のデューティサイクルでパルス幅変調をすると，50% の電圧つまり，3.3 V/2 = 1.65 V が出力されます．

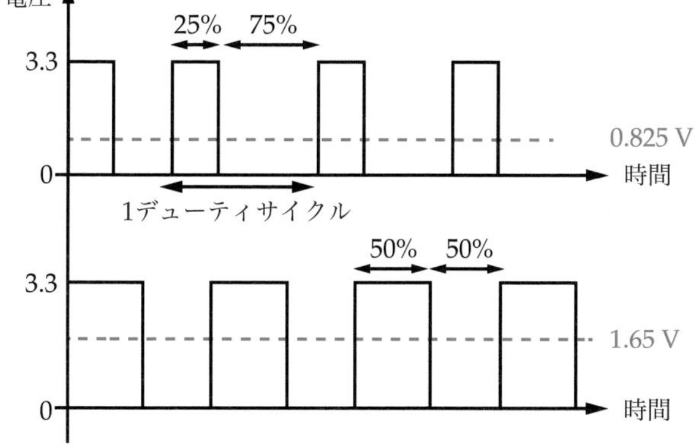

図 4.7 2 種類の PWM 電圧波形．デューティサイクル 25%（上）と 50%（下）．

PWM はアナログ信号を完全に近似できるわけではありませんが，特にこのレベルの電圧であればうまく機能します．アナログ信号で可能な電圧をデジタル信号で近似することで，ロボットの動く速度を細かく制御できるようになります．

Python ライブラリである GPIO Zero は，PWM を使って簡単に出力電圧を変化させる機能を提供しているので，私たちはその背後にある仕組みを考えることなくモーターの速度を制御できます．必要なのは，例えば以下のように，0% から 100% の値を表す 0 から 1 の値を，かっこの中に入れることだけです．値を入れなかった場合は，これまでと同様に最大の電圧が出力されます．

```
robot.forward(0.25)
time.sleep(1)
robot.left(0.5)
time.sleep(1)
robot.backward()
time.sleep(1)
```

このプログラムはロボットに，全速力の 25% で 1 秒間前進した後に，全速力の 50% の速度で 1 秒間左に回転し，全速力で 1 秒間後退するように指示します．

メモ：
これまでの 2 つのプロジェクトで，ロボットが速く走り回りすぎていた場合は，この方法を使って速度を調整してみてください！

加速度計を理解する

前節のプロジェクトの遠隔操作プログラムを改良する前に，Wii リモコンに内蔵されている加速度計とその利用方法を学びましょう．

前節では，Wii リモコンの十字ボタンと B ボタンで操作をしました．これらのボタンはデジタルで，押されているか押されていないかしか検知できません．そのため，速度と方向を同時に制御するのに，この操作方法は適していません．

しかし，Wii リモコンの内部には，その時点で Wii リモコンが受けている加速度を測定できる，**加速度計**と呼ばれるセンサーがあります．これを利用すると，Wii リモコンを空中で動かしたときの，x，y，z の 3 軸すべての感覚データ，つまり，リモコンの動きの向きと速度が得られます．図 4.8 を参照してください．

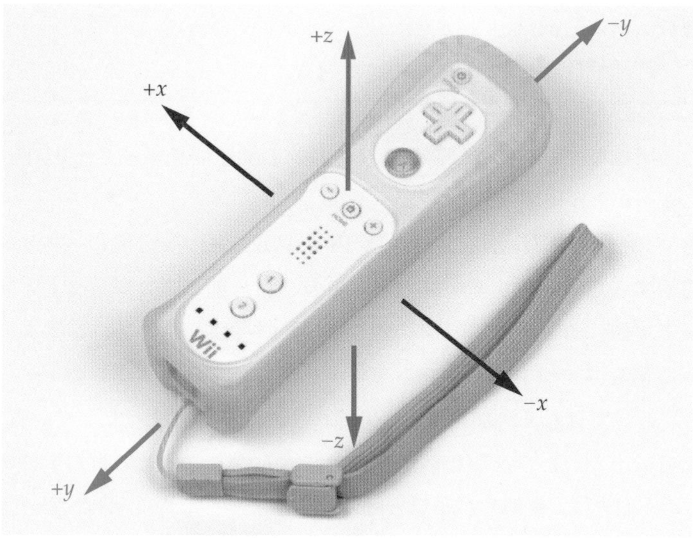

図 4.8　Wii リモコンの加速度計が検知できる動きの軸

この種類のアナログデータは，モーター速度の変化を伴う遠隔操作プログラムに適しています．例えば，Wii リモコンを x 軸方向に傾ければ傾けるほど，ロボットを速く前進させるようにプログラムすることができます．

加速度データを調べる

ロボットのプログラムをつくり直す前に，Wii リモコンの加速度計が出力する生データを確認すると，とても参考になるでしょう．加速度データがどのようなものなのかがわかれば，Wii リモコンの動きをロボットの動きに対応させるために，データをどのように扱えばよいかを考えることができます．

Pi の電源をコンセントから供給し，Nano で新しいファイル accel_test.py を開き，リスト 4.3 のコードを入力します．このプログラムも cwiid ライブラリを使用するので，まだインストールしてない場合は，「Bluetooth をインストールして使えるようにする」(p.93) の手順に従って，インストールしてください．

リスト4.3　加速度計の生データを表示するプログラム

```
import cwiid
import time

❶print("Wii リモコンのボタン 1 とボタン 2 を同時に長押ししてください")
wii = cwiid.Wiimote()
print("接続しました")
❷wii.rpt_mode = cwiid.RPT_BTN | cwiid.RPT_ACC
```

```
while True:
  ❸print(wii.state['acc'])
    time.sleep(0.01)
```

この簡単なプログラムは，Wii リモコンの加速度計データを 0.01 秒ごとにターミナルに表示します．

❶ の print() 文は，Raspberry Pi と Wii リモコンの間のペアリングを開始するためのメッセージです．次の 3 行は前のプロジェクトと同じ構成ですが，コードブロックの最後の ❷ の行は，前のプロジェクトのように Wii リモコンのレポートモードをオンにする（ボタンのデータを読む）だけではなく，加速度計からもデータを読めるようにしています．今までに出会ったことがないかもしれませんが，この行の真ん中にある | という記号は，**縦棒**や**パイプ**と呼ばれています．この記号は，キーボード上では普通バックスラッシュと同じキーに配置されています．

【訳注】 縦棒は，日本語キーボードでは，円マーク（¥）と同じキーにあります．

while による無限ループで加速度計の状態を出力し続けます（❸）．次の行では，while ループのそれぞれの繰り返しで，出力データがより扱いやすくなるように 0.01 秒待ちます．

次のコマンドで，このプログラムを実行できます．

```
pi@raspberrypi:~/robot $ python3 accel_test.py
```

Wii リモコンをペアリングした後に，ターミナルに加速度計のデータが表示され始めます．次の出力は，私がターミナルで見たデータの一部です．

```
(147, 123, 136)
(151, 116, 136)
(130, 113, 140)
(130, 113, 140)
(130, 113, 140)
```

各行のかっこで囲まれたデータは，順に x 軸，y 軸，z 軸の値であり，Wii リモコンを動かすと，それぞれ変化します．いろいろな動かし方をして，数字がどのように変化するかを見てみましょう．プログラムを終了するには，CTRL+C を押します．

この生データにより，プログラミング作業の次の部分について少し考えてみることができます．これはすなわち，どうやってこれらの 3 つの数字をロボットへの指示に変換するかを考えるということです．答えを見つけるのに一番良い方法は，小さなステップで論理的に考察することです．

遠隔移動操作を突き詰める

最初に，本書のロボットの動きについて考えてみます．このロボットは水平な床の上のみを動き回り，上下に動くことはないので，その動きは図 4.9 のように x と y の 2 次元で表現できます．つまり，Wii リモコンの加速度計から得られる z 軸のデータは無視できます．そのため，問題が大幅に単純化されます．

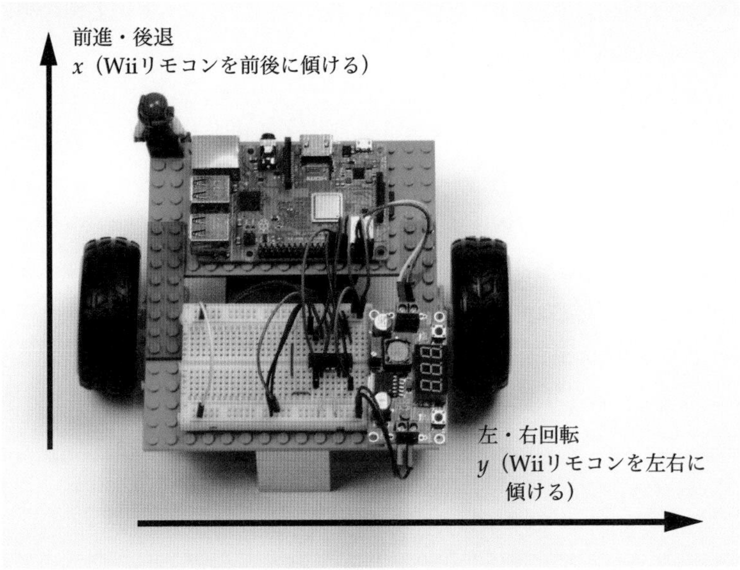

図 4.9 水平面を動くロボットの制御に必要な 2 つの軸

次に，ロボットを制御する際に Wii リモコンをどのように持ちたいかを考えてみましょう．私は，図 4.10 のようにボタン 1 とボタン 2 が右手の近くになるように水平に持つことにしました．これは，従来の Wii のレースゲームで最も一般的な向きであり，本書のロボットを制御するのにも適しています．

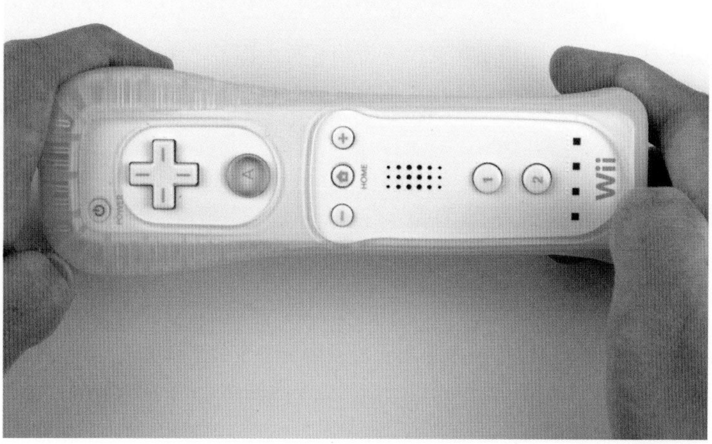

図 4.10 このプロジェクトでの Wii リモコンの持ち方

Wii リモコンをこのように持つと，前後に傾けることで x の値を制御し，左右に傾けることで y の値を制御することになります．

加速度計のデータを表示したとき，出力された数字が 95 から 145 の間になっていたことに気づいたかもしれません．気づかなかった方は，テストプログラムを再度実行して確認してみるとよいでしょう．まず x 軸については，これは，Wii リモコンを後方に完全に傾けたときの値が 95 で，前方に完全に傾けたときの値が 145 だからです．y 軸については，右と左に完全に傾けて，それぞれ最低値が 95 で最高値が 145 となります．145 と 95 の差は 50 であり，これをロボットへの指示に用いることになります．Wii リモコンの値の最低値・最高値については，図 4.11 を参照してください．

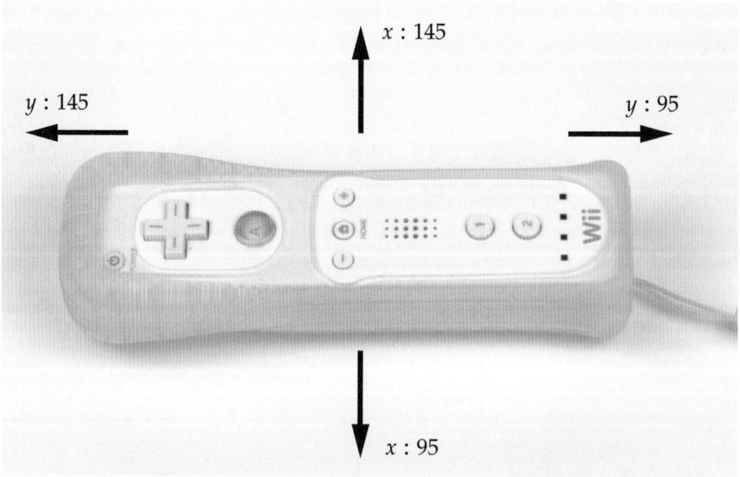

図 4.11 Wii リモコン加速度の最低値・最高値

さて，ここまでの本章のプロジェクトでは，ロボットに全速力で前進，後退，右回転，左回転をするように指示していました．いよいよこれを変更して，Wii リモコンの傾け方に応じて速度を変化させましょう．幸い，GPIO Zero ライブラリの Robot クラスにはモーターの電源をオンにしたり，速度を設定したりする，私たちの要求に合った機能が含まれています．

Robot クラスには，value という名前の**属性**があります．属性とは，そのクラスの一部をなす変数です．value は常に，ロボットのモーターの動きを -1 から 1 まで数値のペアとして保持しています．ペアの 1 つ目の値は左のモーターの速度で，2 つ目の値は右のモーターの速度です．例えば，$(-1,-1)$ のときは全速力で後退しており，$(0.5,0.5)$ のときは全速力の半分の速度で前進しています．$(1,-1)$ のときは全速力で右回転しています．value 属性を設定することで，ロボットを好きな方向に操作することができます．これを使うことで，次のプログラムが非常に楽につくれるようになりますよ！

ロボットの速度を変えるプログラムを書く

さて，このプロジェクトを実現する要素が明確になり，効率的なプログラムを書くための準備ができました．コーディングを開始しましょう！Nano を使って，remote_control_accel.py という名前の新しいプログラムをつくります．リスト 4.4 に示すコードを入力してください．

リスト4.4 Wii リモコンの動きによってロボットの移動を制御するプログラム

```
import gpiozero
import cwiid

robot = gpiozero.Robot(left=(17,18), right=(27,22))

print("Wii リモコンのボタン 1 とボタン 2 を同時に長押ししてください")
wii = cwiid.Wiimote()
print("接続しました")
wii.rpt_mode = cwiid.RPT_BTN | cwiid.RPT_ACC

while True:
  ❶x = (wii.state["acc"][cwiid.X] - 95) - 25
    y = (wii.state["acc"][cwiid.Y] - 95) - 25

  ❷if x < -25:
        x = -25
    if y < -25:
        y = -25
    if x > 25:
```

```
        x = 25
    if y > 25:
        y = 25

❸forward_value = (float(x)/50)*2
  turn_value = (float(y)/50)*2

❹if (turn_value < 0.3) and (turn_value > -0.3):
        robot.value = (forward_value, forward_value)
    else:
        robot.value = (-turn_value, turn_value)
```

このプログラムの Wii リモコンの設定部分は，加速度計のテストプログラムと同じです．次に，コードを実行し続けるために while ループを使います．

メモ：

Python（や他の多くのプログラミング言語）では，さまざまな方法で数を扱うことができます．Python では主に整数と浮動小数という 2 つの数値型が使われます．整数とは，小数点以下の数値を持たない数全体です．浮動小数（浮動小数点の実数値）には小数点があり，整数部と小数部の両方を表すことができます．例えば，9.12383 や 8.0 が浮動小数であるのに対し，8 は整数です．remote_control_accel.py プログラムの中で，ロボットの動きは −1 から 1 の間の 2 つの数値によって調整されるので，浮動小数を使う必要があります．

ループの最初の行（❶）は，加速度計から x の値を読み込み，変数 x に保存します．その際，2 つの算術演算を行います．まず，95 を引くことで，95 から 145 の値を 0 から 50 の値に変換します．次に，さらに 25 を引きます．これにより，データの範囲が −25 から 25 の間になります．y の値にも同じことを行い，変数 y に保存します．これは，Robot クラスの value 属性が後退の動きに負の値を，前進の動きに正の値をとるためです．つまり，上記の一連の算術演算により，加速度計のデータを 0 の両側で対称になるようにし，値の正と負を前進と後退に対応させているわけです．

❷ 以下の 4 つの if 文は，プログラムの後半でエラーが発生する可能性をなくします．万一 Wii リモコンの加速度計の出力データが −25 から +25 の範囲から外れても，これらの if 文がそれを捕捉し，あるべき数値に修正します．

次に，最終的なロボットの x 軸の値が決定され，変数 forward_value に保存されます（❸）．この計算では，変数 x の値を 50 で割り，−0.5 と 0.5 の間の値に直した上で，2 を掛けて，−1 から 1 の間の値に変換しています．y 軸についても同様の計算をして，変数 turn_value に保存します．

❹ の行は if/else 節を開始します．turn_value が 0.3 より小さいか，−0.3 より大きい場合，robot.value は forward_value に設定されます．つまり，Wii リモコンの左右の傾きが 30% 未満だった場合は，ロボットを回転させる意図はないと見なし，前進・後退の変数を与えます．これは，Wii リモコンをほんの少し左右に傾けたくらいでは，ロボットの向きは変わらないということです．ロボットが前進や後退をする速度は，Wii リモコンを前後に傾けた角度に応じて変化します．例えば，Wii リモコンを思いきり前に傾けると，robot.value は (1,1) に設定され，

ロボットは前方に向かって全速力で移動します．

else 節は，Wii リモコンが左右どちらかに 30% 以上傾いている場合です．この場合は，ロボットをその場所で左か右に曲がらせたいと見なし，右回転・左回転の変数を与えます．したがって，ロボットは Wii リモコンを左右に傾けた角度に対応した速度で回転します．例えば，Wii リモコンを思いきり右に傾けると，ロボットは素早く右に回転します．一方，30% をわずかに上回る程度に傾けた場合は，ロボットはゆっくりと回転します．

いつものとおり，プログラムが完成したら，Nano を終了して作業内容を保存します．

プログラムの実行：PWM を使ってロボットを遠隔操作する

Pi をコンセントから外し，バッテリーから電源を供給してください．そして，滑らかで広い床に置いて，Wii リモコンを横向きに持ちます．プログラムを実行するには，次のように入力します．

```
pi@raspberrypi:~/robot $ python3 remote_control_accel.py
```

Bluetooth ハンドシェイクを経ると，ロボットが起動し，Wii リモコンの傾きに合わせてロボットが動き出します．傾け方をいろいろと変えて，運転技術を磨きましょう！

挑戦しよう：遠隔操作ロボットを改良する

遠隔操作ロボットの運転に慣れてきたら，コードをもう一度見て，好きなように改良してみましょう．例えば，Wii リモコンの傾きの閾値を変えて低速の回転を可能にしたり，ロボットの速度を制限したり，ボタンを押したときにあらかじめ設定されたパターンでロボットが動くようにしたりすることができます．可能性は無限大です！

まとめ

本章では，必要な部品を備えただけで動くことができないロボットに息を吹き込み，Wii リモコンで自由に運転できる乗り物を完成させました！ その過程で，H ブリッジから，PWM，加速度計まで，幅広い概念を網羅し，3 つのプロジェクトに取り組みました．本章で書いた 3 つのプログラムは，それぞれが前章のものよりも高度でした．

次章では，ロボットの能力を高め，ロボットが自動的に障害物を回避できるようにします！

第5章
障害物を避ける

前章で，ロボットの動きを制御できるようになりました．これは素晴らしいことです！ でも，ロボットが自分自身を制御できるようになったら，もっと素晴らしいと思いませんか？

前章でロボットを走り回らせているとき，何度も危ないと思ったことがあるのではないでしょうか．壁や家具に傷をつけたくありませんし，それはロボット自体を壊すことにも繋がります．本章では，ロボットが自力で障害物に気づいて避ける方法を紹介します．障害物検知の理論と，それを実現するために必要となるセンサーの使い方を取り上げます．

障害物検知の方法を理解する

ロボットが障害物を避けるためには，まず障害物に気づくことができる必要があります．電子工学では，このために特別なセンサーを使います．センサーを使って障害物検知を実装する方法はいろいろあり，趣味のレベルでも，デジタル検知とアナログ検知という 2 つの方法を選べます．デジタル検知は，一定の範囲に存在する障害物を検知するのに優れていますが，その障害物までの距離を特定することができません．一方，アナログ検知は，検知能力は劣りますが，距離を計測できるので，本書のロボットにはこちらを使います．

超音波距離センサーによるアナログ物体検知

超音波距離センサー HC-SR04（図 5.1 参照）は，超音波を利用して物体の存在を検知し，センサーとその物体の間の距離を測定します．このセンサーは，自然界におけるコウモリやイルカの音波探知や，潜水艦の音波探知機とほぼ同じ方法で動作します．

図 5.1 HC-SR04 超音波距離センサー

音は波長を変化させた波としてモデル化することができます．音響スペクトルのうち，人間の耳に聞こえる範囲を超える周波数（20 kHz 以上）の音波を，**超音波**と呼びます．超音波距離センサーは，超音波の反射を利用して物体との距離を測定します．つまり，このセンサーは，まず超音波を送出し，障害物に当たって戻ってきた音波を受信機で検出し，その間の時間を計測することで，距離を求めます．超音波距離センサーは近距離（数メートル程度）では正確な結果を返します．

HC-SR04 の仕組みを理解する

必要最小限の超音波距離センサーである HC-SR04 は，送信機と受信機を持つ小型の回路です．送信機と受信機は，図 5.1 からわかるように，スピーカーのような見た目の突起物です．

距離を測定するために，送信機は高周波の超音波を発します．この超音波は，すぐ近くにあるどの固形の物体に当たっても反射します．HC-SR04 の受信機がその跳ね返りを検知します．

音は空気中を一定の速度で伝わります．室内の通常の気温（例えば 20°C）では，秒速約 343 メートル（343 m/s）です．近距離では一瞬のことですが，音が発せられてから跳ね返りが受信されるまでに，わずかな時間差があります．したがって，この時間を計測することで距離を測定できます．

速度，距離，時間の関係は，次のようにまとめられます．

$$\text{速度（m/s）} = \frac{\text{距離（m）}}{\text{時間（s）}}$$

つまり，音速（m/s）は，音波が移動した距離（m）をその距離を移動するのにかかった時間（s）で割ったものです．この式を使って，距離を計算します．音速は約 343 m/s で一定であることがわかっており，音波が物体に当たって跳ね返るまでにかかった時間も測定で得られます．一方，先ほどの式は，以下のように変形できます．

$$\text{距離（m）} = \text{速度（m/s）} \times \text{時間（s）}$$

もう1つ，考慮すべきことがあります．図5.2に示すように，HC-SR04が計測する時間は，音波がセンサーから物体までの2倍の距離を移動するのにかかった時間です．

図 5.2 HC-SR04 が計測する音波の移動時間

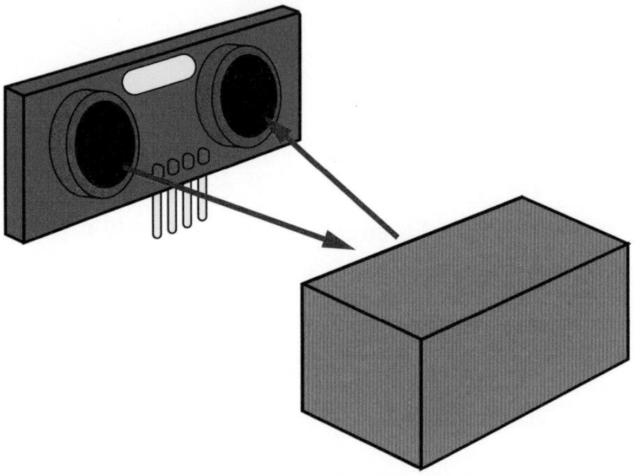

したがって，距離を求める式は次の式になります．

$$\text{距離（m）} = \text{速度（m/s）} \times \frac{\text{HC-SR04による時間（s）}}{2}$$

本章のプロジェクトでは，ロボットの衝突を回避するために，この式を使って障害物までの距離を求めます．

障害物までの距離を測定する

超音波による距離の計測方法を理解したところで，実際に距離を測定してみましょう！

部品リスト

Raspberry Pi ロボットに搭載されているブレッドボードに追加する次の部品が必要です．

- HC-SR04 超音波距離センサー
- 1 kΩ の抵抗
- 2 kΩ の抵抗
- ジャンパワイヤー

HC-SR04 センサーは，通常のオンラインショップで広く入手可能です．「HC-SR04」で検索してみてください．HC-SR04 は安価で，数ドル以上のお金をかける必要はないはずです．

【訳注】日本では，スイッチサイエンス [13] などで 500 円以下で購入できます．

ここで，HC-SR04 センサーをロボットに取り付ける際に必要になる電圧についての知識を説明します．どのデジタルシステムも，低電圧（0）と高電圧（1）という 2 つの論理状態を持ちます．この概念は，第 4 章で PWM を説明するときに初めて登場しました．通常，低電圧はただの GND（0 V）ですが，高電圧の電圧値はシステムごとに変わります．つまり，高電圧のトリガーとして 5 V を必要とするシステムもあれば，3.3 V しか必要としないシステムもあるということです．HC-SR04 の接続は，まさにこれに当てはまります！ HC-SR04 は 5 V を必要としますが，Raspberry Pi は 3.3 V の回路で動作します．図 5.3 に示すように，超音波距離センサーには電源用の VCC，トリガーパルス用の TRIG，エコーパルス用の ECHO，グランド用の GND という 4 本のピンがあります．

図 5.3 HC-SR04 モジュールの 4 本のピン

モジュールに電力を供給するには，VCC ピンに 5 V の電源を接続する必要があります．また，HC-SR04 が跳ね返ってきたパルスを受信したとき，ECHO ピンが High になり，5 V を出力します．したがって，ECHO ピンを Raspberry Pi に直接接続すると，Pi に重大な損傷を与えるかもしれません．これを防ぐために，センサーの出力電圧を Raspberry Pi が扱える範囲まで下げる必要があります．上に挙げた 1 kΩ と 2 kΩ の抵抗は，このために使用します．これらを使って分圧器をつくります．

分圧器で電圧を下げる

分圧器は，大きい電圧を小さい電圧に変える簡単な回路で，直列に接続した 2 個の抵抗を使って入力電圧を下げ，それを出力します．以下で説明するように，値の異なる抵抗を使用して，出力電圧が入力電圧に対して一定の割合になるようにします．

分圧回路を図 5.4 に示します．出力電圧が 2 個の抵抗の間から引き出されていることに注目してください．

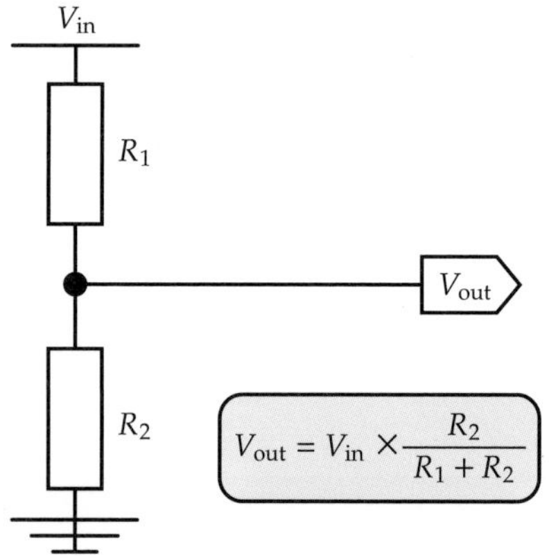

図 5.4 分圧回路

電子工学で出てくる多くの理論と同じように，2 個の抵抗（R_1 と R_2）と入力・出力電圧（V_{in} と V_{out}）とを数学的に関連付ける式を使います．この分野の学者は直接的な表現を好むため，この式は単純に分圧式と呼ばれています．

$$V_{out} = V_{in} \times \frac{R_2}{R_1 + R_2}$$

この式を使って，目的の出力電圧をつくるのに必要な R_1 と R_2 の抵抗値を正確に計算することができます．実際には，R_1 と R_2 の「大きさ」は重要ではなく，代わりに重要なのは R_1 と R_2 の「割合」です．例えば，R_1 と R_2 が同じならば，出力電圧は入力電圧の半分になります．

警告：
必ず分圧器の出力電圧が許容値より低くなるように構成してください．これは，Raspberry Pi や他の電子機器に悪影響を及ぼす可能性を排除するためです．

この式を使って，Raspberry Pi と HC-SR04 モジュールの間に入れる分圧器の抵抗値を計算してみましょう．入力電圧は 5 V で，目的の出力電圧は 3.3 V なので，式には R_1 と R_2 の 2 つの未知数があります．一方に一般的な抵抗値を選べば，未知数は 1 つになるので計算しやすくなります．R_1 を $1\,\mathrm{k\Omega}$ にしてみましょう．R_2 を求めるために式を並び替えると，次のようになります．

$$R_2 = \frac{V_{out} \times R_1}{V_{in} - V_{out}}$$

既知の数字を代入すれば，R_2 は次のように求められます．

$$R_2 = \frac{3.3 \times 1000}{5 - 3.3} = 1941.176471\,\Omega$$

1941.176471 Ω という値にぴったり合う抵抗を見つけることは，とても難しいでしょう！ そこで，一般的な抵抗値で最も近いものを選びます．今回の場合，2 kΩ や 2.2 kΩ で十分です．迷ったときは，必要な値に最も近くてわずかに「低い」抵抗を探してみましょう．抵抗を選択したら，念のため出力電圧を計算し直すとよいでしょう．

HC-SR04 を配線する

必要な部品がすべて揃ったので，距離センサーを配線します．いつものように，配線をいじったり，新しいものを接続する前に，ロボットの電源を切っていることを確認してください．

HC-SR04 モジュールを直接ブレッドボードに差すのではなく，長いジャンパワイヤーを使って接続し，ロボットのどこにでもセンサーを配置できるようにします．第 3 章でモーターを配線した続きとして，以下の手順で作業を進めます．なお，センサーはまだロボットの車台に取り付けないでください．

1. 長いジャンパワイヤーを使って，HC-SR04 の VCC ピンとブレッドボード上の Pi の +5 V 電源レールとを接続します．
2. 長いジャンパワイヤーをもう 1 本使って，HC-SR04 の GND ピンとブレッドボードの GND レールを接続します．現時点での配線は図 5.5 のようになっているはずです．

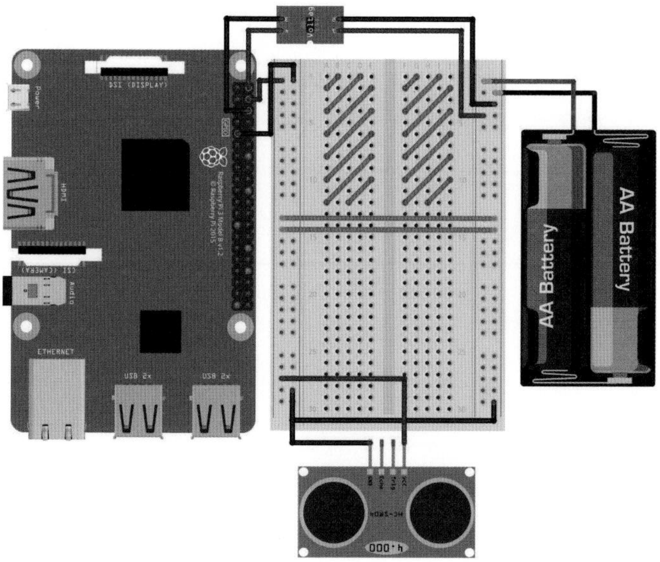

図 5.5 +5 V と GND に接続した HC-SR04 モジュール．モーターコントローラチップとモーターは回路から省いていますが，繋いだままにしてください．オレンジ色の縞模様は L293D チップとその配線が占める領域を表しています．

3. 次に，ワイヤーを使って HC-SR04 の TRIG ピンを直接 Raspberry Pi の物理ピン 16 に接続します．Pi のピン 16 は，BCM 23 とも呼ばれます．
4. センサーの ECHO ピンからブレッドボードの新しい行に，ジャンパワイヤーを接続します．1 kΩ の抵抗の 1 つの足を ECHO ピンと同じ行に差し，もう一方の足をブレッドボードのさっきとは別の，まだ使っていない行に差し込みます．この時点で，配線は図 5.6 のようになっているはずです．

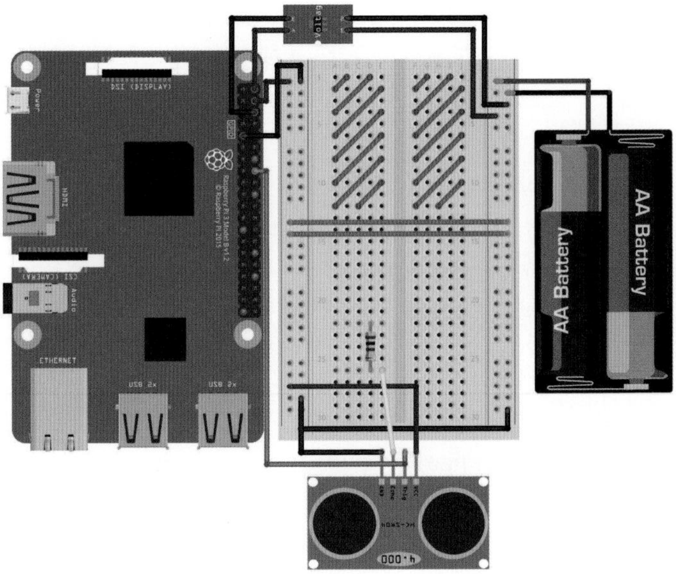

図 5.6 BCM 23 に接続された HC-SR04 の TRIG ピンと 1 kΩ 抵抗に接続された ECHO ピン

5. Raspberry Pi の物理ピン 18（BCM 24）を，1 kΩ の抵抗の 2 本目の足を先ほど接続した行に繋ぎます．
6. 最後に，2 kΩ もしくは 2.2 kΩ の抵抗の一方の足を 1 kΩ の抵抗の行に差し，ジャンパワイヤーを Pi の BCM ピン 24 に接続し，この抵抗のもう一方の足を GND レールに差します．完成したブレッドボードの回路は，図 5.7 のようになっているはずです．

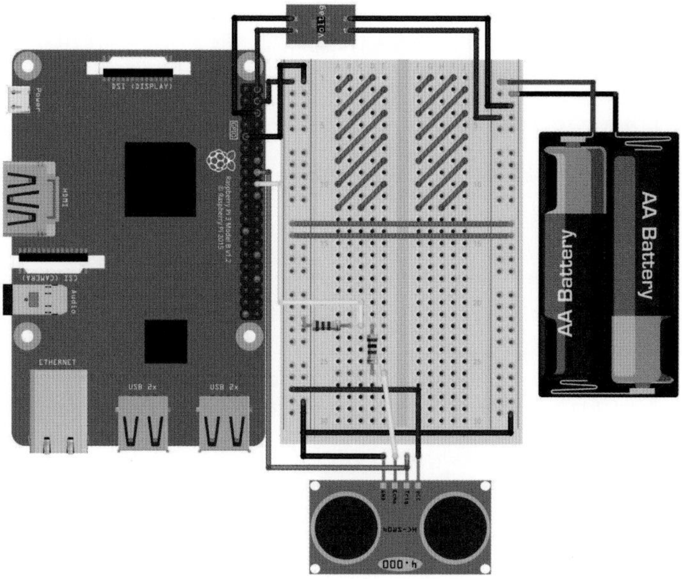

図 5.7 HC-SR04 と分圧回路を接続して完成したブレッドボード

最終的な回路図を図 5.8 に示します．

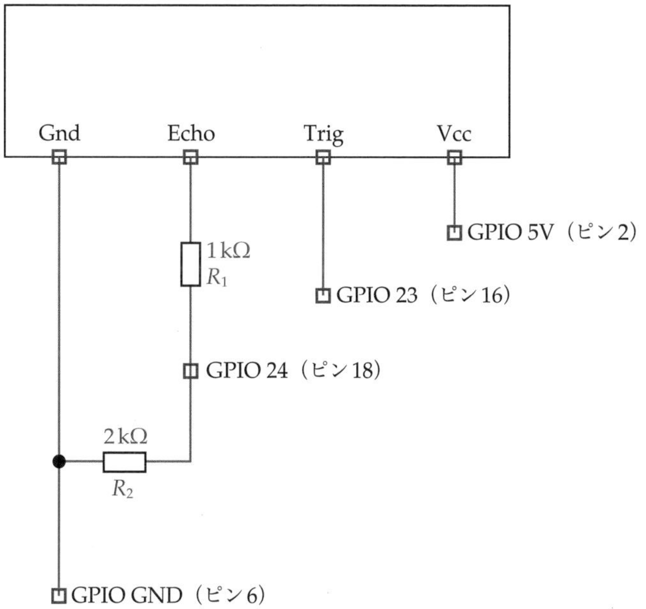

図 5.8 Raspberry Pi に接続した HC-SR04 の回路図

Raspberry Pi で距離を取得するプログラムを書く

超音波距離センサーの配線に続いて，センサーを使用するための Python コードを書きましょう．コンセントからの電源で Raspberry Pi を起動し，SSH でターミナルを開いて，プログラムを保存する robot ディレクトリに移動します．distance_test.py という名前の新しいプログラムをつくります．

```
pi@raspberrypi:~/robot $ nano distance_test.py
```

このプロジェクトでも Python ライブラリの GPIO Zero を使用しますが，ライブラリが提供する関数やオブジェクトは使いません．その代わりに，HC-SR04 を操作するプログラムを一からつくり上げます！

リスト 5.1 のコードは，HC-SR04 に ping と呼ばれる信号を送信させ，物体に当たって跳ね返った信号を HC-SR04 が受け取ったら，その時刻から物体までの距離を計算して表示します．このコードを distance_test.py に入力し，保存します．続く解説を読む前に，まずは自力でコードを読み解いてみてください！

リスト5.1 片道の距離を測るプログラム

```
 import gpiozero
 import time

❶TRIG = 23
 ECHO = 24

❷trigger = gpiozero.OutputDevice(TRIG)
 echo = gpiozero.DigitalInputDevice(ECHO)

❸trigger.on()
 time.sleep(0.00001)
 trigger.off()

❹while echo.is_active == False:
     pulse_start = time.time()

❺while echo.is_active == True:
     pulse_end = time.time()

❻pulse_duration = pulse_end - pulse_start

❼distance = 34300 * (pulse_duration/2)
```

```
round_distance = round(distance,1)

print("距離: ", round_distance)
```

いつものように，コード全体で使用する gpiozero ライブラリと time ライブラリを取り込むことから始めます．

❶ とその次の行で，TRIG ピンと ECHO ピンが接続されているピン番号を，それぞれ変数 TRIG と ECHO に記録します．

すべて大文字で書いた変数名は，プログラムの実行中にその変数の値がずっと変わらない，すなわち**定数**であることを意味します．これは，あなたや他の人たちがコードを読む際に理解を助けるためのプログラミングにおける慣例です．ただし，これはあくまで多くのプログラマが行っている慣例に過ぎず，Python が強制しているわけではありません．これらが小文字でも，大文字と小文字が混在していても，コードは同じように動作します．

❷ 以下の 2 行では，HC-SR04 の TRIG ピンと ECHO ピンに接続された GPIO ピンを設定します．ping を送信する側の trigger 変数を出力に，ping を受信する側の echo を入力として設定します．

ping を送信するために，HC-SR04 センサーは，❸ 以下の 3 行で実行する 10 μ 秒（1 μ 秒 = 100 万分の 1 秒 = 0.000001 秒）のパルスを必要とします．

送信機から ping を送ったら，プログラムはエコー（跳ね返り）を待ち始める前に，一瞬間を置く必要があります．というのは，HC-SR04 の受信機は，ping を送った送信機から出た音波を直接聞くことができるからです．発信パルスを直接受け取った時間から距離を計算しても意味はないので，この調整をしてから，エコーを待ち始めるようにプログラムに指示するわけです．これは，大きな部屋であなたと友人が隣り合わせになって，エコーを聞こうとしている状況を考えると簡単に理解できます．あなたが「こんにちは！」と叫んだとしたら，友人は部屋の向こうの壁からのエコーを聞く前に，あなたからの直接の声を聞くでしょう．HC-SR04 を使うときには，このような影響を避けなければなりません．

コードの次の部分では，上記の調整をしてエコーを確実に取得できるようにします．echo.is_active == False という条件を持つ while ループ（❹）は，送信パルスがセンサーから聞こえない間，次の行のコードを繰り返します．その結果として，直接のパルスが受信機を通過した正確な時間が，pulse_start という変数に格納されます．

送信パルスが邪魔にならない状態になったので，ここからエコーを待ち始めます．echo.is_active == True という条件を持つ while ループ（❺）は，エコーがセンサーに返ってきたときに，それを捉えます．2 番目の変数 pulse_end に，跳ね返ったパルスの正確な時間が記録されます．

そして，ping を受信した時間から送信した時間を単純に引いて，戻ってくるまでにかかった時間を計算し，pulse_duration と呼ばれる変数に保存します（❻）．

間違いなくこのプログラムで最も重要な部分は，ping が返ってくるまでにかかった時間から距離を計算する ❼ の部分です．プログラムで収集した値に，先ほどの式

$$\text{距離（m）} = \text{速度（m/s）} \times \frac{\text{時間（s）}}{2}$$

を適用します．

音速である 343m/s の数字を使うのではなく，100 倍して距離の単位を cm にします．これは，ロボットが扱う距離としてより適しています．

プログラムの最後の数行で，距離の値を小数第 1 位で丸めて，ターミナルに出力します．

プログラムの実行：障害物までの距離を測定する

コードが完成したので，いよいよ超音波距離センサーを試してみましょう．どれくらいの精度で距離を測れるでしょうか．

HC-SR04 をテーブルなどの面に水平に置きます．固形物をセンサーの前に置き，定規でその距離を測ります．図 5.9 では，固形物は HC-SR04 から約 20 cm 離れています．

図 5.9 HC-SR04 のテスト用設定

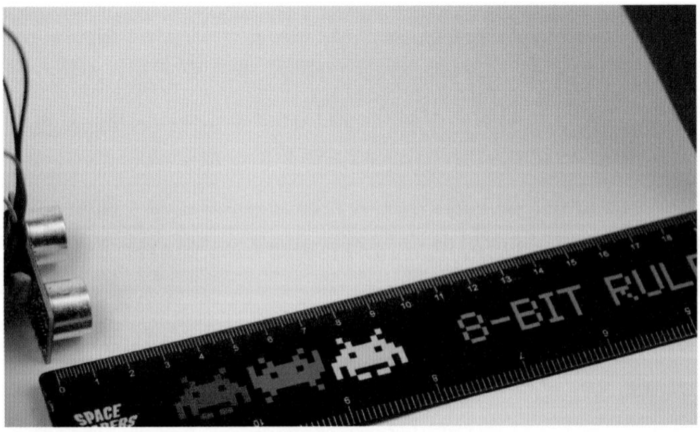

これまでと同じように，プログラムを実行します．

```
pi@raspberrypi:~/robot $ python3 distance_test.py
```

しばらくすると，センサーと箱の間の距離の測定値がターミナルに表示されて，プログラムが終了するはずです．私の場合は次のようになりました．

```
pi@raspberrypi:~/robot $ python3 distance_test.py
距離: 20.1
```

HC-SR04 は，自分と物体の間の距離をきちんと測定できるようです！もっとも，私の場合はかなり正確だったものの，これらの測定値に 100% の精度を期待すべきではありません．

測定値が大幅に外れた場合は，再度プログラムを実行して，たまたま異常値だったのかどうかを確認してください．その後も間違った測定値が続く場合は，書いたプログラムをリスト 5.1 と見比べて，特に数字や式に誤りがないかを確認してください．プログラムがハングアップ（何もしない）し，実行が終了しない場合は，本章の前半の説明を読み返して，配線が正しいかを確認してください．エコーを受信しない場合にも，プログラムがハングアップすることがあります．これは，測定しようとして置いた物体が遠すぎたからかもしれません．しかし，室内で使用する分には，HC-SR04 は正常に機能するはずです．

また，いつものように，最後の手段として，正確なコードを https://nostarch.com/raspirobots/ から入手できます．

ロボットに障害物を回避させる

超音波距離センサーで障害物までの距離を測定できるようになったので，ロボットに HC-SR04 センサーを搭載して，障害物を回避するプログラムを書きましょう．

このプロジェクトが終わる頃には，完全に自律して障害物を回避できるようになります！ 具体的には，Raspberry Pi ロボットがどの物体にも 15 cm 以内に近づかないようにします．

超音波距離センサー HC-SR04 を取り付ける

距離センサーを取り付ける位置は，ロボットの前面でできるだけ中央が最適です．また，このモジュールは真正面の物体しか感知できないので，床からあまり高い位置に取り付けないようにしてください．高い位置にあると，背の低い障害物に衝突しやすくなります．距離センサーを貼り付けるには，粘着剤や両面テープがお勧めです．

私は図 5.10 のように，前面にある安定化装置の床から約 1 cm の位置に HC-SR04 を取り付けました．また，センサーを貼る際の上下左右の向きは，気にする必要はありません．私のは上下逆になっています！

図 5.10 ロボットの前面に搭載した HC-SR04

ロボットに障害物を避けさせるプログラムを書く

障害物回避プログラムを作成しましょう！ まず，前節でつくったコードを大いに利用して，ロボットの移動に伴って近づいてくる障害物を検知します．

前節のリスト 5.1 では，10 行のコードで片道の距離を測定しています．本節のプロジェクトでは，ロボットに近づいてくるあらゆる障害物までの距離が常に更新されるように，この部分を連続的に繰り返す必要があります．何度か使うコードをその都度書くこともできますが，時間がかかって退屈ですし，修正するときも面倒です．その代わりに，コードをパッケージ化して，必要なときにいつでもどこでも使えるようにする方法があります．このようにパッケージ化したコードは，いわゆる**関数**になります．

Python の関数は，ある動作を実行する，まとめられた再利用可能なコードのかたまりです．実際に関数を使ってみましょう．ターミナルからリスト 5.2 にある障害物回避プログラムのコードを入力し，`obstacle_avoider.py` に保存します．

リスト5.2 障害物回避プログラム

```
import gpiozero
import time

❶TRIG = 23
ECHO = 24

trigger = gpiozero.OutputDevice(TRIG)
echo = gpiozero.DigitalInputDevice(ECHO)

❷robot = gpiozero.Robot(left=(17,18), right=(27,22))

❸def get_distance(trigger, echo):
❹    trigger.on()
    time.sleep(0.00001)
    trigger.off()

    while echo.is_active == False:
        pulse_start = time.time()

    while echo.is_active == True:
        pulse_end = time.time()

    pulse_duration = pulse_end - pulse_start

    distance = 34300 * (pulse_duration/2)

    round_distance = round(distance,1)

❺    return round_distance

while True:
❻    dist = get_distance(trigger,echo)
❼    if dist <= 15:
        robot.right(0.3)
        time.sleep(0.25)
❽    else:
        robot.forward(0.3)
        time.sleep(0.1)
```

このプログラムも，必要なライブラリを取り込むところから始まります．そして，リスト 5.1 のときと同じように，HC-SR04 の TRIG ピンと ECHO ピンを記録し（❶），変数 `robot` を初期化および設定します（❷）．

❸では，コードブロックにまとめられたPythonの関数定義に初めて出会います．関数ブロックを開始するには，キーワード def を使います．これは define（定義する）の略で，続くコードブロックが，この関数がなすべき内容を定義していることを表しています．

def のあとに関数の名前を入力します．名前は，変数と同じように（数字で始まらない限り）好きなようにつけられます．関数の名前は短く要領を得たものにすべきです．この関数の目的は，センサーを起動して測定距離を返すことなので，get_distance() と名づけました．

関数の名前の後にかっこをつけます．こうしたかっこの中身を関数のパラメータもしくは引数と呼びます．これらのパラメータを通じて，後に関数内で使用する情報を関数に渡すことができます．ここでは，事前に設定した TRIG ピンと ECHO ピンの情報を渡し，関数内で HC-SR04 距離センサーを起動して使用できるようにします．

while ループと for ループに関しては，どのコードが属しているかを Python に知らせるために，内部のコードをインデントする必要があります．インデントされたコードは ❹ で始まり，❺ まで伸びています．❺ の行を除く 10 行は，リスト 5.1 で距離の測定値を得るために使用したコードと完全に同じです．

❺ では，コードは関数の最終的な出力である距離の測定値を返しています．情報を返すというのは，関数が呼び出されるたびに関数の実行結果を呼び出し元に渡すという意味です．呼び出し元は，受け取った情報をターミナルに表示したり，変数に格納したり，好きなように操作することができます！

次に，無限に続く while ループを開始します．ループの中では，まず get_distance() 関数を呼び出し，その結果を変数 dist に格納します（❻）．

次に，条件付き if 文（❼）を使って，重要な障害物回避の考え方を取り入れます．この if 文は「もしセンサーと障害物の距離が 15 cm 以下なら以下を実行する」と翻訳されます．条件が真なら，続く 2 行が実行されて，ロボットは 0.25 秒間ゆっくり右回転します．

続く ❽ のコードは，それ以外の場合，すなわち，障害物が 15 cm より離れている場合に対応します．このとき，ロボットは 0.1 秒間ゆっくり前進します．障害物回避プログラムは通常，ロボットの速度が遅いほどきちんと動くので，ここでは引数に (0.3) を指定して，ロボットの速度を全速力の 30% に設定しています．実行してみて，遅すぎる，もしくは速すぎると思う場合は，この値を自由に増やしたり減らしたりしてください．

プログラムの実行：ロボットに障害物を避けさせる

この章の最後のコードが完成しました！ さっそく，超音波距離センサーに適した高さの障害物を戦略的に配置した，適当な広さのテストフィールドを用意してください．私は図 5.11 のように障害物を置きました．

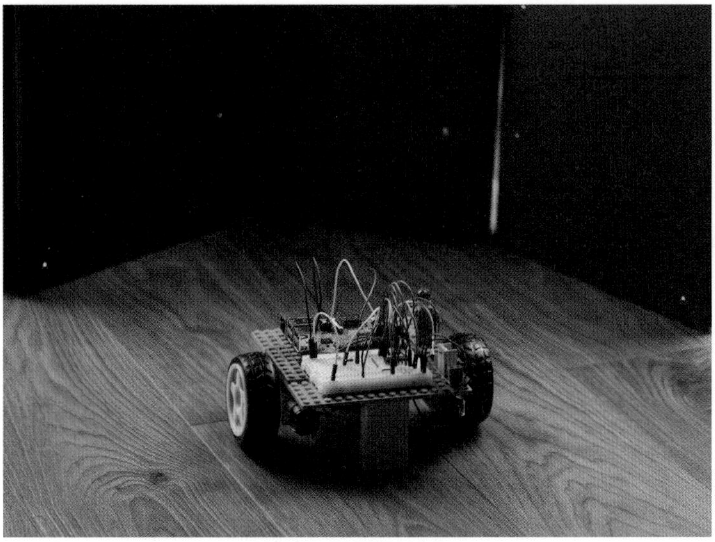

図 5.11 障害物に立ち向かうロボット

次のコマンドでプログラムを実行します．

```
pi@raspberrypi:~/robot $ python3 obstacle_avoider.py
```

ロボットが起動し，まず前方の障害物の 15 cm 手前まで前進し，その位置で障害物が見えなくなるまで旋回し，再び前進を始め，再度前方に障害物が現れたら同様の動作をするはずです．これが永遠に繰り返されます．

ロボットの前に立ってみましょう！ 足を動かしてしつこく行く手を阻んでやりましょう！ あなたからコソコソ逃げていくロボットを見るのも楽しい実験です！

これまでと同様に，ロボットを止めるには CTRL+C を押します．

挑戦しよう：障害物回避プログラムを改良する

ここでの障害物回避の方法は，まだまだ改良の余地があります！ 前に述べたとおり，HC-SR04 は真正面にある物体しか検知できないので，ロボットの前にある障害物でも，背が低かったり空中に浮いていたりすると見逃すことがあります．

また，距離センサーが 1 つだけしかないというのも，問題になります．真正面の障害物を避けるために左折や右折をして，別の障害物にぶつかる可能性があります！ 使う距離センサーを増やすことで，扱える情報が増えるので，より賢く動くプログラムに改良できるようになります．

リスト 5.2 のプログラムを，1 つのセンサーのままで，ロボットができるだけ効率的に障害物を避けるように改良してみましょう．まず，回避行動をとるまでの最小距離（初期値では 15 cm）を変更することができます．また，回避のための回転方向や回転時間を変更することもできます．これらの変数の値をいろいろ変えて，最適な値を見つけてください．

プログラムを可能なだけ改良できたと思ったら，2 つ目の HC-SR04 超音波モジュールを取り付けるとよいでしょう！ 以前と同じように Pi の GPIO ピンに接続し，1 つ目の HC-SR04 に加えて 2 つ目の HC-SR04 から得られる情報を使い，賢く障害物を回避できるようにコードをカスタマイズしましょう．2 つのセンサーを使う場合，それらを取り付けるのに良い場所は，ロボットの正面の左右の端です．

さらに，3 つ目の距離センサーを導入すれば，ロボットが置かれている環境をより的確に把握できるようになるでしょう！

まとめ

本章では，ロボットに障害物を回避させるプロジェクトを通じて，超音波距離計測の理論から，関数を使ったプログラミングまでの，幅広い内容を紹介しました．これらを組み合わせることで，ロボットを完全に自律した障害物回避マシンに仕立てることができます．

次章では，RGB LED や効果音を追加して，ロボットを個性的にする方法を紹介します！

第6章
光と音で華やかにする

ロボットを飾り付けて目立たせると，ロボットと遊ぶ楽しみがひと際増すことでしょう．本章では，ロボットをより派手に，より賑やかに，より刺激的にするために，ライトやスピーカーを追加する方法を紹介します．いつものように，理論と必要になる部品，そして取り付け方とPython プログラミングを説明します．

Raspberry Pi ロボットに NeoPixel を取り付ける

ロボットを目立たせるために最適な方法の 1 つは，ロボットにライトショーをやってもらうことです．明るく色とりどりな LED を取り付けて，適切な配線を施し，LED を操るプログラムを書けば，ロボットに，床をちょこちょこと走り回りながら眩いばかりの光のショーをさせることができます！

このプロジェクトでは，ロボットに超高輝度の多色 LED を取り付けます．以下では，部品の入手から配線，そしてさまざまなパターンのプログラミングまでを解説します．このプロジェクトで新たに追加する要素と，第 4 章の Wii リモコンプログラムを組み合わせると，LED のさまざまな点灯方法を Wii リモコンのボタンで操れるようになります．

NeoPixel と RGB 表色系

第 2 章で，Raspberry Pi に単色 LED を繋ぐ方法と，簡単な Python プログラムを用いて LED を点滅させる方法を紹介しました．

あのプロジェクトは素晴らしい経験になりましたが，たった 1 つの LED では，ロボットを派手に飾るには，あまりに不足します．そこで，このプロジェクトでは，図 6.1 に示す NeoPixel を使います．

図 6.1 ロボットに取り付けた NeoPixel

NeoPixel は，オープンソースハードウェアを扱う Adafruit 社が開発した，手頃な値段の超高輝度 RGB LED です．

RGB は red（赤），green（緑），blue（青）の略で，コンピュータが膨大な色のスペクトルを表すのに使用する混色系のことです．赤，緑，青の光をさまざまな割合で組み合わせることで，オレンジ，インディゴ，グレーなど，可視光域のあらゆる色をつくり出すことができます！ R，G，B の配合をそれぞれ 1% から 100% の値で指定することで，膨大な種類の色をつくることができます．例えば，赤は R:100，G:0，B:0 の組み合わせ，紫は R:50，G:0，B:50 の組み合わせです．

ただし，コンピュータでは，各色のレベルをパーセントではなく，0 から 255 まで（256 段階）の 10 進数で表すのが普通です．つまり，赤なら R:255，G:0，B:0 という組み合わせになります．図 6.2 に，RGB の全領域を表現したカラーホイールを示します．

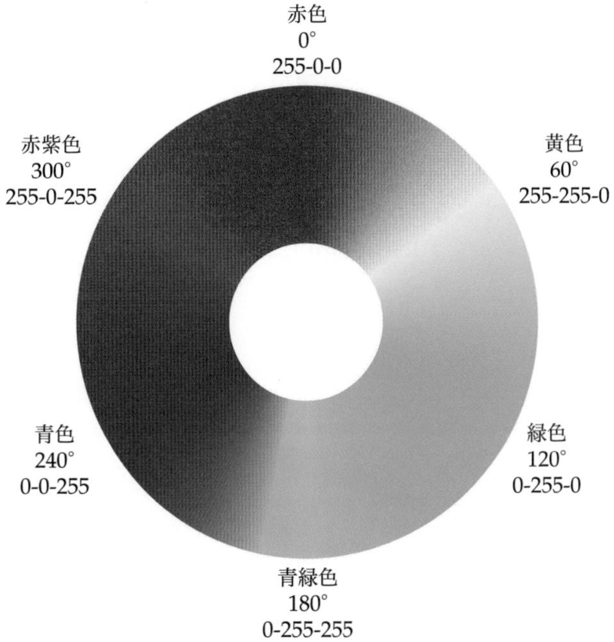

図 6.2 RGB の全領域を表現したカラーホイール

先ほど NeoPixel を「RGB LED」と説明したのは，単色の LED と違い，NeoPixel が図 6.2 に示す膨大な色を表示できることを意味しています．

RGB による色空間の範囲は，赤，緑，青がそれぞれとりうる数を掛け合わせることで算出できます．$256 \times 256 \times 256 = 16,777,216$，つまり約 1700 万色です！ しかし，単一の LED でどうやったらそんなにたくさんの色を表現できるのでしょうか？ NeoPixel を間近で見てみると，図 6.3 のように 3 つの領域があることがわかります．つまり，NeoPixel は実際に 3 色の LED を使い，赤，緑，青を配合しています．この仕組みゆえ，NeoPixel は RGB で表現可能なすべての色をつくり出せるわけです．

図 6.3 NeoPixel の 1 つの LED の拡大写真

部品リスト

NeoPixel は単体でも連結しても使うことができ，Adafruit 社は単体の NeoPixel から何百の NeoPixel でつくられた巨大なマトリクスまで，さまざまな形態の製品を用意しています．

このプロジェクトでは，スティック状の NeoPixel Stick を使います．これは図 6.4 に示すように，8 個の NeoPixel を約 5 cm の長さに繋いだものです．コンパクトさと明るい出力を兼ね備えているので，本書のロボットに最適です．

図 6.4 ヘッダピンをはんだ付けした NeoPixel Stick

アメリカでは Adafruit 社のウェブサイトから 6 ドルに満たない値段で購入できます．他国でも，ネットで「NeoPixel Stick」を検索すれば，似たような価格で販売する販売店が簡単に見つかるでしょう．

【訳注】日本ではマルツオンライン [14] などで購入できます．

NeoPixel Stick は，ちょっとした組み立てが必要になることを知っておいてください．図 6.5 に示すように，電源とデータ入力のはんだパッドに 1 組のオスの**ヘッダ**をはんだ付けする必要があります．背面にも，はんだパッドが 2 組あります．見た目は前面のものと変わりませんが，一方がスティックへの入力，もう一方がスティックからの出力になっています．これにより，1 つのスティックの出力をもう 1 つのスティックの入力に繋いで，複数の NeoPixel Stick を連結することができます．このプロジェクトでは NeoPixel Stick を 1 つだけ使いますが，もっとたくさん繋いでみてもよいでしょう．

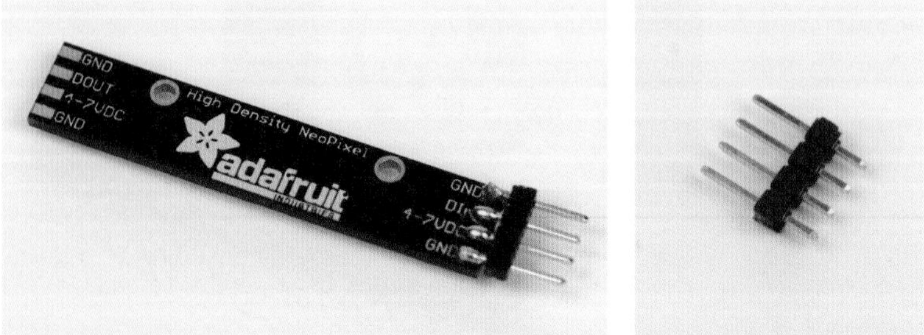

図 6.5 入力側にヘッダをはんだ付けした NeoPixel Stick の背面（左）と，4 ピンヘッダ（右）

オスヘッダ（1 ドル未満）を別途購入し，DIN（データ入力）ピンを含む 1 組の端子パッドにはんだ付けします．

NeoPixel Stick とヘッダ以外では，NeoPixel を接続するジャンパワイヤーと，Raspberry Pi ロボットに NeoPixel を貼り付ける粘着剤が必要です．

NeoPixel Stick を配線する

NeoPixel Stick のはんだ付けが済んだら，配線してロボットに取り付けます．合計で 3 つの接続をするだけで動作するようになります．前章と同様に，以下に示す回路図は以前のプロジェクトの接続を示していませんが，それらはそのままにしておいてください．

NeoPixel Stick はブレッドボードに直接差すことができますが，前章の HC-SR04 と同じようにお勧めしません．NeoPixel Stick をロボットの好きなところに取り付けられるように，ジャンパワイヤーで接続します．

1. ジャンパワイヤーを使って，NeoPixel Stick の 4-7VDC ピンをブレッドボードの +5 V レールに接続します．なお，これらの LED は高輝度なので，かなりの電力を消費します．そのため，あとでソフトウェアを実行するときに，ロボットのバッテリーに接続してオンにする必要があります．
2. 次に，もう 1 本のジャンパワイヤーを使って，NeoPixel Stick の GND ピンの 1 つをブレッドボードの共通 GND レールに接続します．これにより，NeoPixel は電源（バッテリー）と Raspberry Pi の両方に接地されます．ここまでの配線の結果は図 6.6 で確認してください．

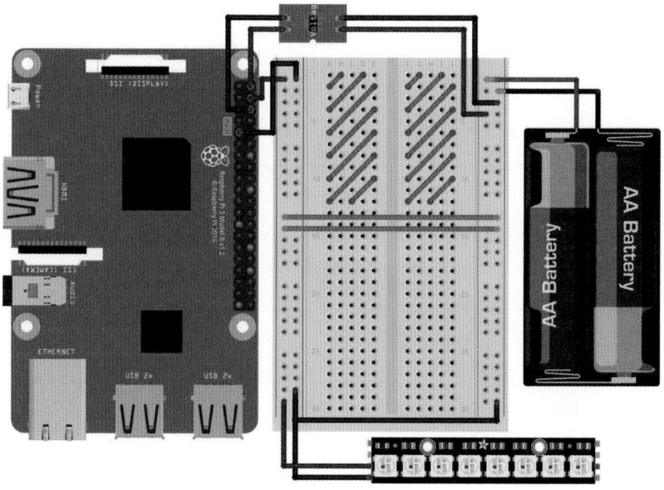

図 6.6　+5 V と GND に接続した NeoPixel Stick

3. 最後のジャンパワイヤーを使って，NeoPixel Stick の DIN（データ入力）ピンを Raspberry Pi の物理ピン 19（BCM 10）に接続します（ピン番号については「Raspberry Pi の GPIO ピン配置図」（p.202）を参照）．完成した回路は図 6.7 のようになります．

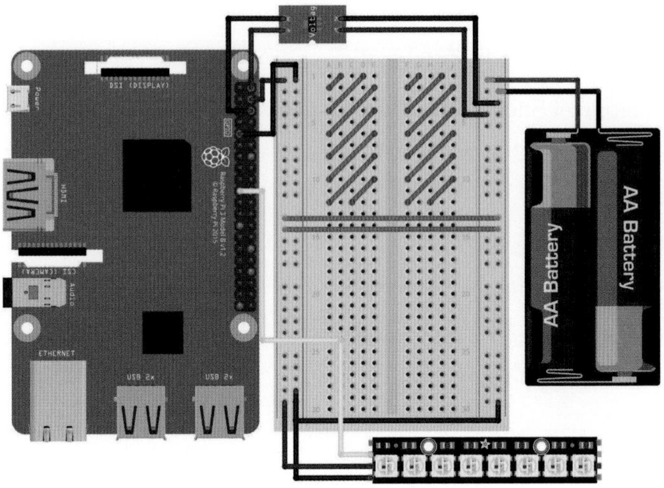

図 6.7 NeoPixel Stick を電源と Pi に配線して完成したブレッドボード

粘着剤を使って，NeoPixel Stick をロボットに取り付けます．私はブレッドボードの右側に取り付けました．

ソフトウェアをインストールする

NeoPixel Stick のプログラムを書く前に，必要なソフトウェアをインストールして設定しなければなりません．使用する Python のライブラリは `rpi_ws281x` と呼ばれるもので，`pip` を使って，Python 3 用のものをインターネットからダウンロードすることができます．`pip` は，Python ソフトウェアを素早く簡単にインストールしたり管理したりするためのコマンドラインツールです．

先に進む前に，Python 3 用の `pip` がインストールされていることを確認する必要があります．そのためには，Raspberry Pi を起動し，SSH でログインします．そして，ターミナルに次のコマンドを入力します．

```
pi@raspberrypi:~ $ sudo apt update
```

このコマンドは，新しいソフトウェアをインストールするところまでは行わず，Raspberry Pi がダウンロードして利用できるソフトウェアの一覧を更新するだけです．この処理が終わったら，次のコマンドで Python

3 用の pip をインストールします．

```
pi@raspberrypi:~ $ sudo apt install python3-pip
```

ほとんどの場合，Python 3 用の pip はすでにインストールされています．その場合は，インストールするまでもなく利用できるので，そのように通知されます．そうでない場合は，インストールが始まります．

pip が利用可能になると，rpi_ws281x ライブラリを簡単なコマンド 1 つでインストールできます．

```
pi@raspberrypi:~ $ sudo pip3 install rpi_ws281x
```

NeoPixel を制御するために，SPI（serial peripheral interface）バスを使います．これは，一部の GPIO ピンが持つ電子機器インタフェースで，どの Raspberry Pi にもあります．初期設定では SPI は無効になっていますが，本書の冒頭で Pi を設定した際に，GUI を使って有効にしました．次のコマンドで Raspberry Pi のソフトウェア設定ツールを開いて，有効になっているかどうかを確認することができます．

```
pi@raspberrypi:~ $ sudo raspi-config
```

ツールを開いたら，［Interface Options］まで移動して，それを選択し，ENTER キーを押します．図 6.8 のようなメニューが表示されます．

【訳注】 raspi-config の古い版では［Interfacing Options］．

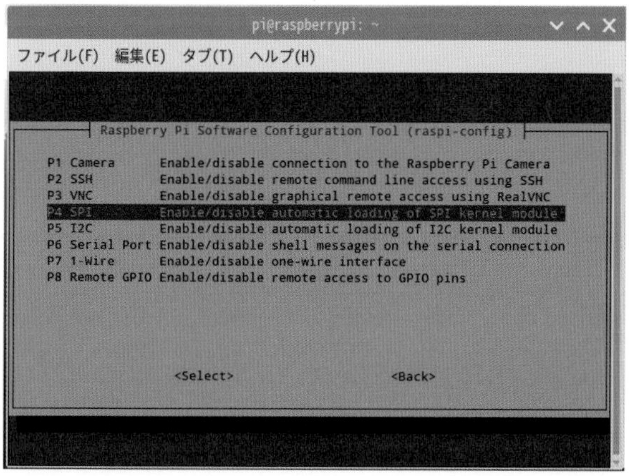

図 6.8 raspi-config ツールの［Interface Options］メニュー

［SPI］を選択します．SPI インタフェースを有効にするかどうかを聞かれます．右矢印キーと左矢印キーを使って［はい］を強調表示にしま

す．その後，メインの raspi-config メニューに戻ります．右矢印キーを 2 回押して［Finish］を強調表示にし ENTER キーを押すと，設定ツールを終了できます．

次のコマンドで Raspberry Pi を再起動します．

```
pi@raspberrypi:~ $ sudo reboot
```

これで SPI が有効になりました！

Pi 3 で SPI をきちんと動作させる

Raspberry Pi 3 Model B や Raspberry Pi 3 Model B+ を使っている場合は，次に進む前にもう少しがんばらなければなりません．それより古い Pi を使っている場合は，この手順は無視してください．

Pi 3 で SPI をきちんと動作させるためには，GPU コアの周波数を 250 MHz に変更する必要があります．これは，Raspberry Pi 3 のグラフィックユニットの実行速度を少し変えるということです．これをしないと，NeoPixel は不規則な振る舞いをして，正しいパターンが表示されなくなる可能性があります．

【訳注】 この設定をしないと，このコラムのあとで行うテスト（strandtest.py）の虹の色に変化させる部分などが，きちんと動作しません．

変更するには，ターミナルに次のコマンドを入力します．

```
pi@raspberrypi:~ $ sudo nano /boot/config.txt
```

これにより，さまざまな文字列やオプションが含まれる設定ファイルが開きます．このファイルの一番下までスクロールして，新しい行に次の文字列を追加します．

```
core_freq=250
```

例えば，私の設定ファイルの最後は次のようになっています．

```
--省略--
# Additional overlays and parameters are documented
# /boot/overlays/README

# Enable audio (loads snd_bcm2835)
dtparam=audio=on
start_x=1
```

```
gpu_mem=128

core_freq=250
```

この行を追加したら，CTRL+X を押して Nano で編集したファイルを保存し，次に Y と ENTER を押します．そして Raspberry Pi をリブートします．

メモ：
うまく設定できたか心配な方は，本書のウェブサイト https://nostarch.com/raspirobots/ を確認してください．

ライブラリのサンプルコードを設定する

先に進む前に，インストールしたばかりのライブラリを動かして，すべてが完璧に動作することを確認しましょう．本書に関連するソフトウェアをすでに Raspberry Pi にダウンロードしている場合は，テストファイル `strandtest.py` があるはずです．このプログラムは Adafruit 社が NeoPixel をテストするために書いたものです．持っていない場合は，以下のコマンドを入力して，インターネットからサンプルコードをダウンロードしてください．

```
pi@raspberrypi:~/robot $ wget https://raw.githubusercontent. ⏎
com/the-raspberry-pi-guy/raspirobots/master/Chapter%206%20 ⏎
-%20Adding%20RGB%20LEDs%20and%20Sound/strandtest.py
```

これにより，Adafruit 社による `strandtest.py` と同じものが得られます．

サンプルコードを実行する前に，コード内にある設定をいくつか変更する必要があります．Nano を使ってサンプルコードファイルを開きます．

```
pi@raspberrypi:~/robot $ nano strandtest.py
```

このプログラムの目的は，発光パターンの例をいくつか実行して，NeoPixel の動作をテストすることです．コードは非常に長く，発光パターンを定義する関数をたくさん含んでいますが，これらの関数を編集する必要はありません．

編集する必要があるのは，プログラム内のいくつかの定数です．コードの最初のほうに，リスト 6.1 に示す設定ブロックがあります．ここでは，LED ストリップ（LED が細長く帯状に並んだもの）を動作させるのに必要な定数が定義されています．

【訳注】 リスト 6.1 内はプログラムコメントを和訳してありますが，実際の `strandtest.py` はもちろん英語です．

リスト6.1 strandtest.py の LED ストリップの設定

```
 # LED ストリップの設定:
❶LED_COUNT      = 16      # LED ピクセルの数
❷LED_PIN        = 18      # ピクセルに接続されている GPIO ピン ⏎
                           （18 は PWM を使う！）
❸#LED_PIN       = 10      # ピクセルに接続されている GPIO ピン ⏎
                           （10 は SPI /dev/spidev0.0 を使用）
 LED_FREQ_HZ    = 800000  # LED 信号の周波数（ヘルツ）（通常は 800kHz）
 LED_DMA        = 10      # 信号を発生させるのに使用する DMA チャ ⏎
                           ンネル（10 を試す）
 LED_BRIGHTNESS = 255     # 0 で最も暗く，255 で最も明るくなる
 LED_INVERT     = False   # True にすると信号が反転する ⏎
                           （NPN 型トランジスタのレベルシフト使用時）
 LED_CHANNEL    = 0       # GPIO 13, 19, 41, 45, 53 では'1' に設定
 LED_STRIP      = ws.WS2811_STRIP_GRB   # ストリップの種類と色の順序
```

それぞれのハッシュ文字（#）に続く言葉は**コメント**です．プログラマはコードの中に注釈としてコメントを入れることがあります．コメントは，あなたや他のプログラマがプログラムを読む際に，プログラムの各部分がしていることを理解するのに役立ちます．

Python では，コメントはハッシュ文字（#）で始まります．Python がこのコードを解釈するとき，単純にハッシュよりあとのすべてを無視します．プログラムにコメントを書くことは，特にチームやオープンソースで作業している場合，良いコーディング習慣です．また，プログラムを書いた本人も，時を経るとコーディングの意図を思い出せないことがあります．コメントは，あなたが将来プログラムを見直すときにも役に立ちます！

最初に変更しなければならないのは，❶ に出てくる LED_COUNT です．これは Pi に接続する NeoPixel の個数を表す定数です．初期設定では 16 になっているので，8 に変更する必要があります．

次に，使用するピン番号を変更します．❷ の定数 LED_PIN は初期設定では BCM 18 になっていますが，私たちは NeoPixel Stick を BCM 10 に接続しています．このサンプルプログラムの作者たちは，BCM 10 がよくある選択だということはわかっているので，❸ に BCM 10 への接続を書いて，それを**コメントアウト**しています．そこで，❸ の行のハッシュ文字を ❷ の行に移します．これにより，Python は ❸ ではなく ❷ の行を無視するようになり，LED_PIN に 10 が代入されます．

最終的に定数のブロックは，リスト 6.2 のようになるはずです．

```
# LED ストリップの設定:
❶LED_COUNT      = 8       # LED ピクセルの数
❷#LED_PIN       = 18      # ピクセルに接続されている GPIO ピン ⏎
                          (18 は PWM を使う！)
❸LED_PIN        = 10      # ピクセルに接続されている GPIO ピン ⏎
                          (10 は SPI /dev/spidev0.0 を使用)
 LED_FREQ_HZ    = 800000  # LED 信号の周波数 (ヘルツ) (通常は 800kHz)
 LED_DMA        = 10      # 信号を発生させるのに使用する DMA チャ ⏎
                          ンネル (10 を試す)
 LED_BRIGHTNESS = 255     # 0 で最も暗く, 255 で最も明るくなる
 LED_INVERT     = False   # True にすると信号が反転する ⏎
                          (NPN 型トランジスタのレベルシフト使用時)
 LED_CHANNEL    = 0       # GPIO 13, 19, 41, 45, 53 では'1' に設定
 LED_STRIP      = ws.WS2811_STRIP_GRB    # ストリップの種類と色の順序
```

リスト6.2 strandtest.py の LED ストリップの新しい設定

コードの設定が完了したら，実行してみましょう．

サンプルコードを実行する

サンプルプログラムの変更を保存し，次のコマンドで実行します．

```
pi@raspberrypi:~/robot $ python3 strandtest.py -c
```

ロボットを眺めるのに，サングラスが欲しくなりましたか？! NeoPixel がさまざまなパターンで輝き，新しいパターンが始まるたびに，その名前がターミナルに表示されます（図 6.9 参照）．

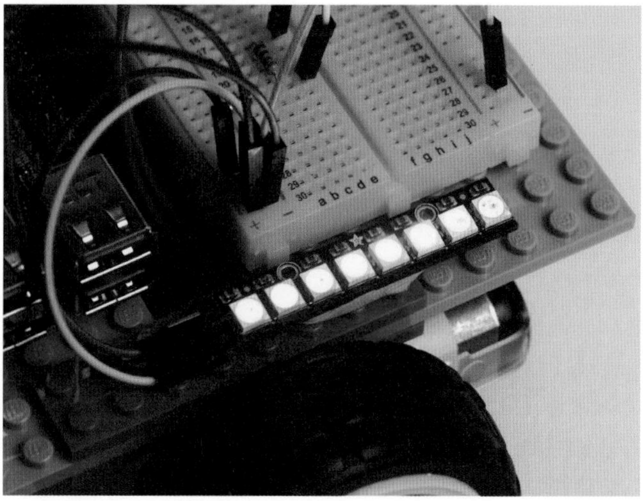

図 6.9 strandtest.py サンプルプログラムを実行する NeoPixel

ライトショーに満足したら，CTRL+C を押してサンプルプログラムを終了します．先ほど，プログラムを実行するコマンドの最後に追加した -c は，LED をオフにするオプションです．-c を追加しないと，CTRL+C でプログラムを終了したとき，LED は点灯したままになります．

LED の明るさで目が眩んだ方も，安心してください！ 次のプロジェクトで Wii リモコンプログラムに NeoPixel の制御を追加する際に，明るさを下げる方法を紹介します．

Wii リモコンプログラムを使って NeoPixel を操作する

ここまでで NeoPixel の能力を確認できたので，前につくった加速度計を使う Wii リモコンプログラムに，LED を制御する機能を追加しましょう．

LED の制御機能を加えることで Wii リモコンプログラムに何かまずいことが起こったり，将来元に戻したくなったりした場合に備えて，現状の Wii リモコンコードのコピーを残しておくとよいでしょう．そのためには，元のプログラムのコピーをつくって，それを編集します．まず，コードが保存されているディレクトリにいるかどうかを確認してください．私の場合は robot ディレクトリです．そして，ターミナルで元の Wii リモコンプログラムを cp コマンドを使ってコピーします．

```
pi@raspberrypi:~/robot $ cp remote_control_accel.py neo_⏎
remote_control.py
```

このコマンドは，最初の引数で指定したファイルを，2 番目の引数で指定した新しいファイルにコピーします．ご覧のとおり，NeoPixel 版の Wii リモコンプログラムには，neo_remote_control.py という名前をつけることにしました．このあと，Nano で新しくコピーしたファイルを開きます．

```
pi@raspberrypi:~/robot $ nano neo_remote_control.py
```

リスト 6.3 を見ながらコードの変更箇所を入力するか，https://nostarch.com/raspirobots/ から完成したプログラムをダウンロードしてください．

リスト6.3 NeoPixel の制御機能を追加した Wii リモコンのプログラム

```
import gpiozero
import cwiid
```

```
 import time
❶from rpi_ws281x import *

 robot = gpiozero.Robot(left=(17,18), right=(27,22))
 --省略--
 wii.rpt_mode = cwiid.RPT_BTN | cwiid.RPT_ACC

 LED_COUNT      = 8
 LED_PIN        = 10
 LED_FREQ_HZ    = 800000
 LED_DMA        = 10
❷LED_BRIGHTNESS = 150
 LED_INVERT     = False
 LED_CHANNEL    = 0
 LED_STRIP      = ws.WS2811_STRIP_GRB

❸strip = Adafruit_NeoPixel(LED_COUNT, LED_PIN, LED_FREQ_HZ,
 LED_DMA, LED_INVERT, LED_BRIGHTNESS, LED_CHANNEL, LED_STRIP)
 strip.begin()

❹def colorWipe(strip, color, wait_ms=50):
     """指定した色で LED を 1 つずつ順に点灯する．"""
❺    for i in range(strip.numPixels()):
         strip.setPixelColor(i, color)
         strip.show()
         time.sleep(wait_ms/1000.0)

 while True:
❻    buttons = wii.state["buttons"]
     if (buttons & cwiid.BTN_PLUS):
         colorWipe(strip, Color(255, 0, 0))  # 赤でワイプ
     if (buttons & cwiid.BTN_HOME):
         colorWipe(strip, Color(0, 255, 0))  # 緑でワイプ
     if (buttons & cwiid.BTN_MINUS):
         colorWipe(strip, Color(0, 0, 255))  # 青でワイプ
     if (buttons & cwiid.BTN_B):
         colorWipe(strip, Color(0, 0, 0))    # 点灯しない
     x = (wii.state["acc"][cwiid.X] - 95) - 25
     --省略--
     if (turn_value < 0.3) and (turn_value > -0.3):
         robot.value = (forward_value, forward_value)
     else:
         robot.value = (-turn_value, turn_value)
```

このプログラムは，元の Wii リモコンのコードにはない 2 つのライブラリ time と rpi_ws281x（❶）を利用します．

【訳注】from rpi_ws281x import * という書き方は，rpi_ws281x ライブラリで定義されている内容を利用するもう一つの方法です．今までの import 文との違いは，パッケージの名前を指定せずに定義されている内容を参照できる点です．例えば，❸で Adafruit_NeoPixel を参照していますが，import rpi_ws281x で取り込んだ場合は rpi_ws281x.Adafruit_NeoPixel と書く必要があります．

そして，元のプログラムと同じように，ロボットとWiiリモコンを使用するための設定します．このあとに，NeoPixelのサンプルプログラムで見たのと同じ定数を定義します．これらはNeoPixel Stickのさまざまなパラメータを定義しています．最も注目すべきなのは，`LED_BRIGHTNESS` ❷です．これはLEDの輝度を設定する定数で，先のリストのコメントにあったように，0から255の値を指定します．私はより暗くて目にやさしい150に設定しました．

❸では，NeoPixel Stickオブジェクトを生成し，上で定義した定数を渡します．次の行で，NeoPixelのライブラリが初期化されます．

次に，続くコードで何度か呼び出すことになる，`colorWipe()`という関数を定義します（❹）．この関数は，サンプルプログラム`strandtest.py`から直接持ってきました．内部のコメントに，この関数が何をするかが書かれています．わかりやすく言うと，この関数は，NeoPixel Stickの個々のLEDを，指定された色で光らせます．そのために，RGBを表す`color`引数を渡し，`for`ループ（❺）を使って，短い遅延を入れながらLEDを指定した色で1つずつ順に点灯します．

次に，無限`while`ループを使って，コードの本体を書きます．各ループでは，まずWiiリモコンボタンの状態を読み込みます（❻）．そして，プラス，マイナス，ホームボタンのどれが押されたかに応じて，NeoPixel Stickを異なる色で光らせ，他のボタンが押されるまでそのままにします．Bボタンが押された場合は，NeoPixelをリセットします．

残りのプログラムは，元のプログラムとまったく同じです．コントローラからの加速度計の出力を扱い，それに応じてロボットを動かします．

プログラムの実行：NeoPixelをWiiリモコンで操作する

作業内容を保存し，次のコマンドでコードを実行します．

```
pi@raspberrypi:~/robot $ python3 neo_remote_control.py
```

ロボットは，Wiiリモコンからの加速度計のデータに反応しながら，プラスボタン，マイナスボタン，ホームボタン，Bボタンによって LEDをさまざまな色で光らせるようになります．

図 6.10 NeoPixel を青色で光らせたロボット

CTRL+C でプログラムを止める前に，Wii リモコンの B ボタンを押して NeoPixel をオフにしましょう！

挑戦しよう：色とパターンを派手にする

ロボットと NeoPixel で遊んだら，プログラムと先ほど示したサンプルコードに戻り，RGB の色の組み合わせを変更して，独自の色を設定できるか確認してみましょう．あるいは，もっと派手な光のパターンをつくってみましょう．

複数の NeoPixel Stick を持っている場合は，片方の NeoPixel の出力をもう片方の入力とし，それらを連結することで，より魅力的なライトショーが実現します！

Raspberry Pi ロボットにスピーカーを取り付ける

私たちのロボットはすでにかなり進歩していますが，音を出してコミュニケーションする機能はまだありません．次の 2 つのプロジェクトで，これを与えましょう！ ロボットに小さい 3.5 mm のスピーカーを取り付け，それを使って第 4 章と第 5 章のプロジェクトに音を追加します．具体的には，Wii リモコンプログラムに警笛音を，障害物回避プログラムにパーキングセンサー風のビープ音を付与します．

警告：
以下のプロジェクトは，Pi 3，Pi 2，Pi 1 Model B/B+ や A+ のように，普通のサイズの Raspberry Pi を持っていれば参加できます．Pi Zero や Pi Zero W のようなモデルは，3.5 mm のオーディオジャックがないので，簡単にはスピーカーを接続できません．

3.5 mm スピーカーの仕組みを理解する

ラウドスピーカー（もしくは単に**スピーカー**）は，電気的な音声信号を人間の耳に聞こえる音に変換します．コンサートで使われる巨大なスピーカーから，携帯電話の中に入っている極小のスピーカーまで，さまざまな環境で多くのスピーカーが使われています．

電気的な信号を耳に聞こえる音に変換するために，スピーカーは電磁石を使ってコーン紙を振動させます．コーン紙が空気を揺らすことで音が発生し，その振動が空気中を伝わって私たちの耳に届きます．

次の2つのプロジェクトでは，図6.11に示すような小型の3.5 mmスピーカーを用います．3.5 mmという寸法は，スピーカーについているプラグの直径を指しています．この大きさは業界標準であり，一般的な携帯電話もこの直径のヘッドフォンジャックを持っています．

図6.11 3.5 mm 小型スピーカー

3.5 mmのスピーカーは，eBay，Amazonなどのオンラインショップや一般の家電量販店などで手に入ります．価格は10ドルもしないはずです．私たちのロボットには，メーカーやブランドは重要ではありません．ロボットに搭載できる大きさで，比較的大きな音が出て，3.5 mmプラグがついていれば問題ありません！

スピーカーを接続する

小型のスピーカーは充電式のものが多いので，Raspberry Piにスピーカーを接続する前に，充電が完了して使用可能になっていることを確認してください．

Piの3.5 mmオーディオジャックはHDMIとイーサネットポートの間にあります．図6.12に示すように，スピーカーの3.5 mmプラグをPiのジャックに差します．

メモ：
スピーカーが充電式ではない場合，電源を取る方法は型によります．USB電源が必要な場合は，PiのUSBポートの1つに差すことができます．充電式のスピーカーがあれば，この問題を避けることができるので，この状況では最も理想的な選択肢です．

図 6.12 Raspberry Pi の 3.5 mm オーディオジャックに接続したスピーカー

次に，スピーカーをロボットの車台のどこかに取り付けます．どこに取り付けるかは，スピーカーの大きさと空いている場所によります．私は車台にスピーカーを取り付ける場所がなかったので，図 6.13 に示すように，レゴのパーツで小さな支えをつくり，粘着剤で固定しました．

図 6.13 レゴの台を使って取り付けた 3.5 mm スピーカー

Wii リモコンプログラムに警笛音を追加する

では，Wii リモコンの操作に応じてロボットが警笛音を鳴らすようにしましょう．NeoPixel の Wii リモコンプログラムを，Wii リモコンの A ボタンを押したときに警笛音を鳴らすように拡張します．

ソフトウェアをインストールする

通常，オーディオファイルを再生するには，エクスプローラなどの GUI 上でファイルをクリックし，音楽再生アプリケーションでそれを開きます．しかし，ターミナルにはそのような機能がないので，オーディオファイルを再生する特別なコマンドを使用する必要があります．NeoPixel のときと同じように，まず必要なソフトウェアをインストールして，サウンド出力を設定する必要があります．

まず，Raspberry Pi に `alsa-utils` ソフトウェアパッケージがインストールされていることを確認してください．これは，オーディオやサウンドドライバーに関連するソフトウェアを集めたものです．次のコマンドで，インストールされているかを確認し，必要なら直ちにインストールすることができます．

```
pi@raspberrypi:~/robot $ sudo apt install alsa-utils
```

最新の `alsa-utils` がインストール済みと表示されたら，それで完了です！ そうでなければ，メッセージに従ってインストールしてください．

また，Raspberry Pi に，HDMI ポートではなく 3.5 mm オーディオジャックからオーディオを再生するように指示します．これをターミナルで行うためには，前にやったように，Raspberry Pi の設定ツール `raspi-config` を使います．このツールを開くには，次のコマンドを使います．

```
pi@raspberrypi:~/robot $ sudo raspi-config
```

図 6.14 のような画面が現れ，灰色の四角の中にメニューが表示されます．

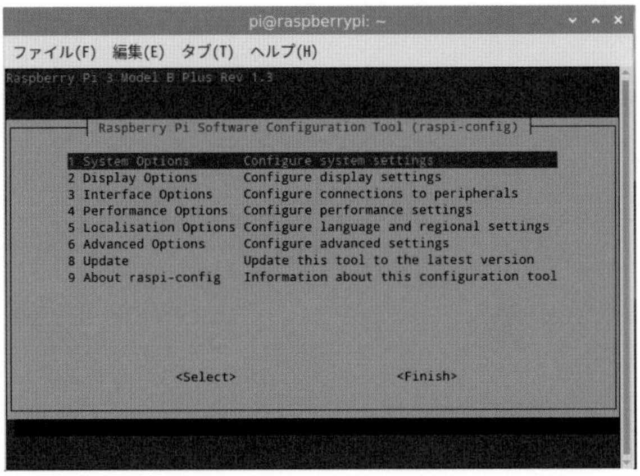

図 6.14 Raspberry Pi のソフトウェア設定ツール

ここで［System Options］を選択し，ENTER キーを押します．新しいメニューが開くので，［Audio］まで下にスクロールし，選択して再度 ENTER キーを押します．

ここでは，2 つのオプションが表示されます．図 6.15 に示すように，［Headphones］オプションを選択します．

【訳注】 古いバージョンの raspi-config では［Advanced Options］で［Audio］を選択し，［Force 3.5 mm jack］（強制的に 3.5 mm ジャックを選択する）オプションを選択します．

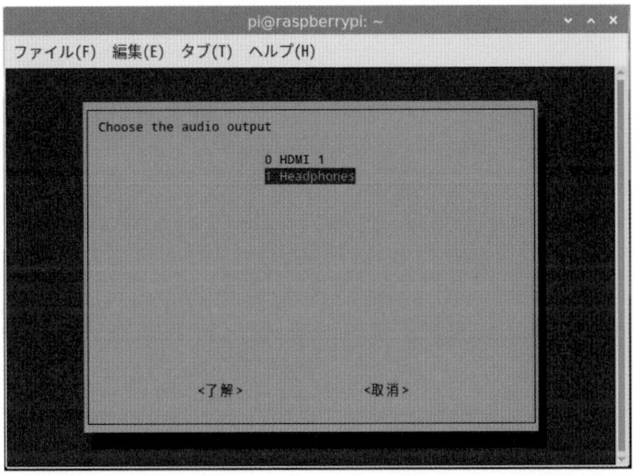

図 6.15 raspi-config を使って音声出力を選択

次に，図 6.14 のメニューに戻ります．ここから右矢印キーを 2 回押し（［Finish］を強調表示），ENTER キーを押して設定ツールを終了します．

ターミナルから音を鳴らす

ターミナルから音を鳴らすコマンドを実行するには，まず再生する音が必要です！ このプロジェクトと次のプロジェクトで使う 2 つの音声ファイルは，https://nostarch.com/raspirobots/ にあります．ここにあるすべてのソフトウェアを一括でダウンロードした方は，すでにファイルを持っています．また，2 つの音声ファイルは，インターネットから簡単なコマンドで入手できます．

どの手段で音声ファイルを入手するかは別にして，まず，すべてのロボットプログラムを保存しているディレクトリの中に新しいディレクトリ sounds を作成します．私の場合，このコマンドは次のようになります．

```
pi@raspberrypi:~/robot $ mkdir sounds
```

もしファイルを一括でダウンロードした場合は，beep.wav と horn.wav を新しいディレクトリにコピーします．ファイルを直接ダウンロードしたい場合は，次の手順に従ってください．まず，ディレクトリを変更します．

```
pi@raspberrypi:~/robot $ cd sounds
```

次に，以下のコマンドで，それぞれの音声ファイルをダウンロードします．

```
pi@raspberrypi:~/robot/sounds $ wget https://github.com/the-⏎
raspberry-pi-guy/raspirobots/raw/master/Chapter%206%20-⏎
%20Adding%20RGB%20LEDs%20and%20Sound/sounds/beep.wav
```

続いて，次のコマンドを使います．上と違うのは，最後の horn.wav の部分だけです．

```
pi@raspberrypi:~/robot/sounds $ wget https://github.com/the-⏎
raspberry-pi-guy/raspirobots/raw/master/Chapter%206%20-⏎
%20Adding%20RGB%20LEDs%20and%20Sound/sounds/horn.wav
```

ここで，ターミナルに ls コマンドを入力すると，horn.wav と beep.wav という新しい 2 つのファイルが見つかります．

```
pi@raspberrypi:~/robot/sounds $ ls
beep.wav  horn.wav
```

このうち horn.wav がこのプロジェクトで使うファイルです．horn.wav を試す前に，次のコマンドでスピーカーのソフトウェア音量を最大にしてください．

```
pi@raspberrypi:~/robot/sounds $ amixer set Master 100%
```

また，3.5 mm スピーカーの物理的な音量調整つまみも最大にしてください．

3.5 mm スピーカーで horn.wav を再生するには，コマンドライン向けの音声再生コマンド aplay を次のように使います．

```
pi@raspberrypi:~/robot/sounds $ aplay horn.wav
再生中 WAVE 'horn.wav' : Signed 24 bit Little Endian in 3bytes,
レート 44100 Hz, ステレオ
```

ロボットが自動車の警笛音を 1 回鳴らすのが聞こえるはずです！

Wii リモコンプログラムを使って音を鳴らす

ターミナルで音声ファイルを再生することに成功したので，この機能を章の前半で書いた Wii リモコンプログラムに追加しましょう．ロボットは光による演出に加え，好きなときに車の警笛音を鳴らせるようになります！

これを実現するために，aplay コマンドを Python プログラムから呼び出します．robot ディレクトリに移動し，NeoPixel/Wii リモコンのコードを次のコマンドで再度開きます．

```
pi@raspberrypi:~/robot $ nano neo_remote_control.py
```

そして，リスト 6.4 に示す追加部分を入力します．また，本書のウェブサイトから変更済みのファイルを入手することもできます．

リスト6.4 車の警笛音の効果を追加した NeoPixel/Wii リモコンのプログラム

```
import gpiozero
import cwiid
import time
from rpi_ws281x import *
❶import os

robot = gpiozero.Robot(left=(17,18), right=(27,22))
--省略--

while True:
    buttons = wii.state["buttons"]
```

```
    if (buttons & cwiid.BTN_PLUS):
        colorWipe(strip, Color(255, 0, 0))  # 赤でワイプ
    --省略--
    if (buttons & cwiid.BTN_B):
        colorWipe(strip, Color(0, 0, 0))    # 点灯しない

❷   if (buttons & cwiid.BTN_A):
        os.system("aplay sounds/horn.wav")

    x = (wii.state["acc"][cwiid.X] - 95) - 25
    --省略--
    if (turn_value < 0.3) and (turn_value > -0.3):
        robot.value = (forward_value, forward_value)
    else:
        robot.value = (-turn_value, turn_value)
```

必要な追加は簡単で，わずか 3 行です．まず注目すべきなのは ❶ です．ここで os ライブラリを取り込んでいます．os ライブラリは Python プログラムから Pi のオペレーティングシステムの機能を使えるようにします．

これは ❷ で役に立ちます．ここでは，Wii リモコンの A ボタンが押されたかどうかを検知します．もし押されていれば，`os.system` を使って先ほどと同じターミナルコマンド `aplay` を呼び出します．`horn.wav` はプログラムとは別のディレクトリに保存されているため，このファイルへのパスも（相対パスで）指定していることに注意してください．

プログラムの実行：NeoPixel，効果音，Wii リモコンの操作

作業を保存して，前のプロジェクトと同じコマンドで実行します．

```
pi@raspberrypi:~/robot $ python3 neo_remote_control.py
```

ロボットは，以前とまったく同じように，加速度計のデータに反応します．そして，これまでと同じようにライトを点灯することもできます．今度は A ボタンを押してみてください．ロボットが鳴らした警笛音が聞こえるはずです！

障害物を避けるプログラムにビープ音を追加する

このプロジェクトでは，第 5 章で書いた障害物回避プログラムに，15 cm 以内の範囲に障害物を検知したときにビープ音で警告する機能を追加します．

障害物を避けるプログラムにビープ音を組み込む

すでにスピーカーを設置し，必要なソフトウェアの準備もできているので，すぐにビープ音を障害物回避プログラムに組み込むことができます．

以下の beep_obstacle_avoider.py は，警笛音のときと同じように，Python プログラムの中から aplay を呼び出します．

リスト6.5 障害物を避けるときにビープ音を鳴らすプログラム

```
import gpiozero
import time
❶import os

TRIG = 23
ECHO = 24

trigger = gpiozero.OutputDevice(TRIG)
--省略--

while True:
    dist = get_distance(trigger,echo)
    if dist <= 15:
❷       os.system("aplay sounds/beep.wav")
        robot.right(0.3)
        time.sleep(0.25)
    else:
        robot.forward(0.3)
        time.sleep(0.1)
```

先ほどと同じように，os モジュールを取り込みます（❶）．そして，センサーが 15 cm 以内にある物体を検知したら，プログラムはビープ音を再生し（❷），ロボットの進路を変更します．

プログラムの実行：障害物を避けるときにビープ音を鳴らす

作業を保存し，次のコマンドを実行します.

```
pi@raspberrypi:~/robot $ python3 beep_obstacle_avoider.py
```

ロボットは障害物を見つけると，ビープ音を鳴らして向きを変え，障害物を回避します！

挑戦しよう：別のプロジェクトに効果音を追加する

プログラムに音の効果を追加する作業は，ずいぶん簡単だとわかったでしょう！ 本書で書いた他のプログラムも見直してみませんか？ 再生する音は，スマートフォンを使って自身で録音してもよいですし，無料で音声ファイルを提供しているオンラインの音声ライブラリも利用できます．例えば，Freesound（https://freesound.org/）を見てみましょう.

まとめ

本章では，ロボットを超高輝度の NeoPixel で飾り，効果音も追加しました！ 3 つのプロジェクトの間に，RGB LED の理論から，ターミナルで音を再生する方法まで，幅広い技術を取り扱いました.

次の章では，ロボットをもう少し賢くします！ ロボットに自律的に線をたどる機能を持たせます.

第7章

線をたどる

本章では，線を自動的に検知して，それをたどる機能をロボットに追加します．ロボットは自分が進むべき道を自ら認識し，それに従って進むことができるようになります．このプロジェクトでは，センサーによる認識技術とプログラミングスキルの両方が試されます．これらは古典的なロボット工学の課題であり，初心者から専門家まで誰もが習得すべき重要な技術です．このプロジェクトを終える頃には，走路を外れることなく走行する，完全自律型のロボットが完成していることでしょう！

走路をつくる

いつものように，何かのプロジェクトに着手する前に，いったん引き下がって目の前の課題を分析することは重要で，価値があります．ここでの目的は，ロボットが線をたどるようにすることです．

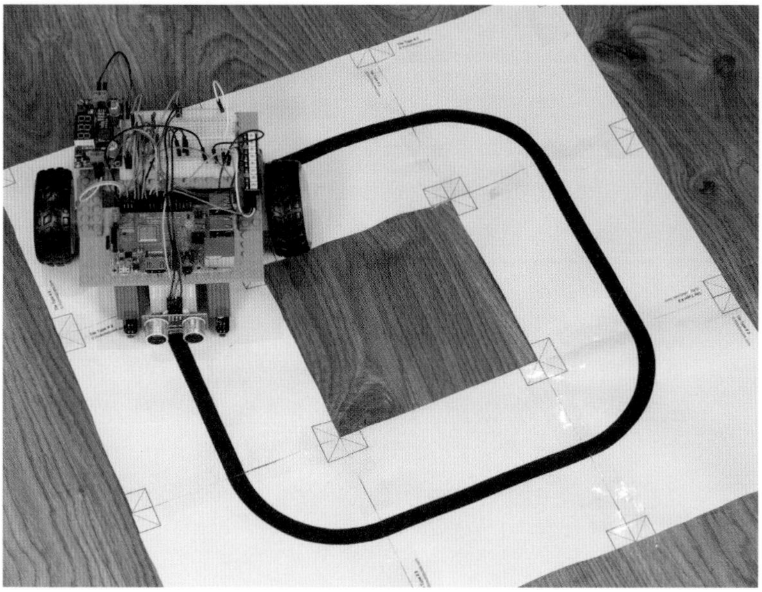

図 7.1 黒い線をたどって走るロボット

より具体的には，図 7.1 のように，白い面に引いた黒い線上をロボットが自律的に走行できるようにします．

白と黒の組み合わせはロボットに最大限の明暗差を与えるので，単純な線追従センサーが使えます．

初めにすることは，白い紙にロボットがたどる黒い線を引くことです．コースは，好きなように大胆につくれます．最も簡単なのは円形ですが，背景が白で線が黒であることを条件に，あとは自由に発想してください．線の太さは 6〜7 mm がお勧めです．

走路をつくる方法は，いろいろあります．単に大きい紙（最低でも A3 用紙程度（約 45 × 30 cm）は必要です）を用意して，黒色のマジックで太い線を引くだけでもよいです．白いポスターボードに黒いテープを貼るのもよいでしょう．既製品として販売されている線追従用の走路を，オンラインショップで買うこともできます．プリンタをお持ちなら，本書で提供する走路部品をプリントアウトし，床にテープで貼り付けてコースをつくることをお勧めします．その方法を説明しましょう．

本書のウェブサイトには，組み合わせて好きな走路を構成できるタイル状の部品を用意してあります．これらは Windows，Mac，そして Linux PC から，以下のように利用することができます．

1. まだ https://nostarch.com/raspirobots/ からファイル一式をダウンロードしていない方は，ダウンロードしてください．
2. ファイルを保存したディレクトリに移動し，`track_generator.pdf` という PDF ファイルを開きます．これは，さまざまな線が描かれた 20 × 20 cm のタイル 33 枚と説明を含む，34 ページの PDF 文書です（図 7.2 参照）．
3. 走路に使いたいタイルをそれぞれ A4 用紙に印刷して必要部分を切り取り，それらを貼り合わせて独自の走路をつくります．最初の何枚かのタイルからつくれるコースは，直線とコーナーだけの単純な道ですが，ページを進むにつれてまともでなくなります！初めてロボットを走らせる走路は，比較的単純にしておくことをお勧めします．本章のプロジェクトが完成したら，たくさんのタイルを印刷して，難しい走路を試してみましょう！
4. 図 7.3 のような四角いコースをつくるには，Tile Type #2（直線）と，Tile Type #3（単純なコーナー）を 4 枚ずつ印刷します．PDF リーダーソフトウェアの印刷ダイアログボックスで，任意のページを指定して印刷できるはずです．

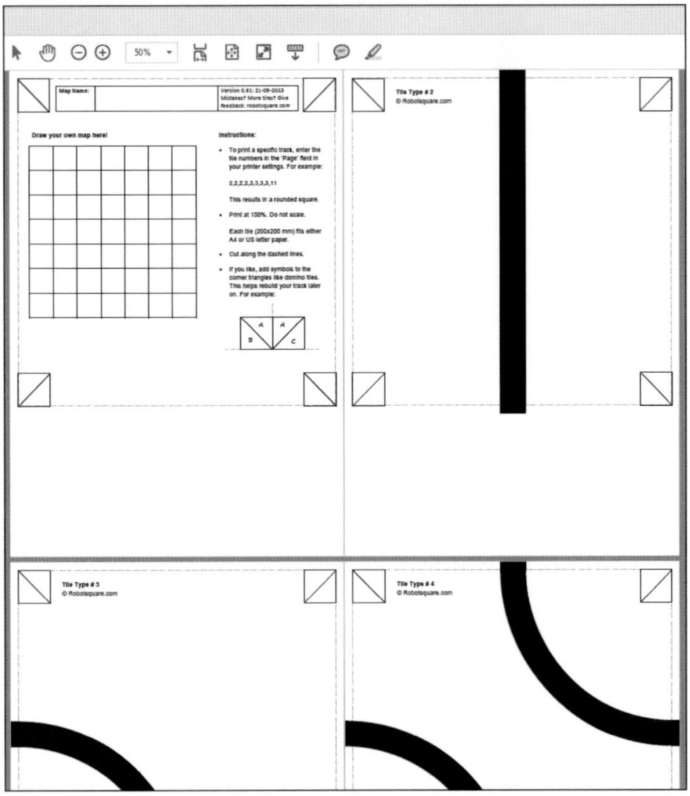

図 7.2 track_generator.pdf

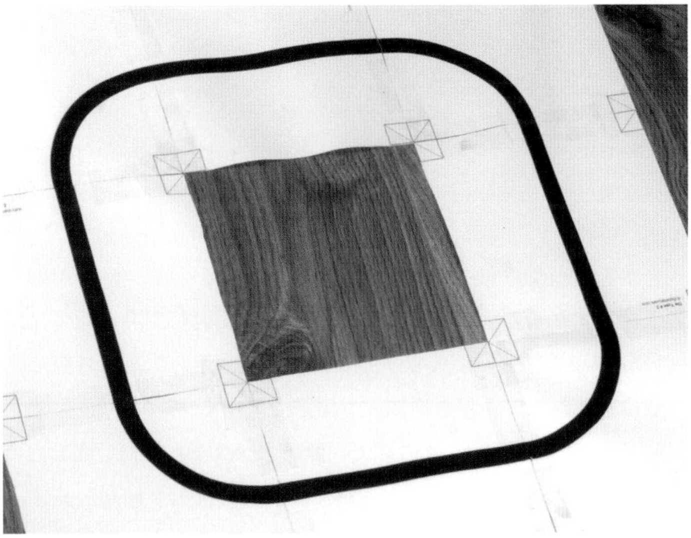

図 7.3 タイルを組み合わせてつくった単純な線追従の走路

警告：
センサーによる検知に影響する可能性があるので，タイルを繋ぐときにタイルの上面（特に黒線の上）にテープを貼らないようにしてください．また，できるだけタイル間のすきまや紙のたわみをなくし，平坦で途切れのないコースをつくってください．黒線のすきまやゆがみは，ロボットの走路の認識を妨げることがあります！

5. 印刷したそれぞれのタイルを，一点鎖線に沿って，はさみで切ります．接続部の裏側に両面テープを貼ってそれらを格子状に繋ぎ合わせた上で，図 7.3 のように床に貼り付けます．これで走路が完成しました！

線をたどるための理論

赤外線（IR）センサーを使って Raspberry Pi ロボットに黒い線をたどらせます．第 5 章の障害物回避で，物体を検知するために超音波を使ったことを思い出してください．それに対し，本章では，音ではなく，赤外線という目に見えない光を使います．幸いなことに，以前に学んだ多くの理論が，ここでも適用できます．

図 7.4 にあるように，どの赤外線センサーにも，2 つの小さな電球のような機器がついています．それらは赤外線の送信機と受信機で，通常は隣り合って配置されています．送信機は，赤外光パルスを発する赤外線 LED です．受信機である赤外線**フォトダイオード**は，送信機から送られた光が返ってくるのを待ち，その光を利用して電流を変化させる機器です．

図 7.4　赤外線センサー

光が物に当たると，その表面の種類によって反射の仕方が変わります．最も注目すべきことは，光は白い面でよく反射し，黒い面ではほぼすべて吸収されてしまうことです．この特性を利用して，赤外線センサーは白地に引かれた黒い線を検知します．

図 7.5 に示すとおり，赤外線センサーモジュールが白い面を向いていると，受信機は送信機から放射された赤外線の反射を検知します．赤外線センサーが走路の線のような黒い面を向いていると，受信機は反射を検知しません．この違いにより，ロボットに取り付けたセンサーモジュールは自分の目の前に線があるかどうかを検知することができます．

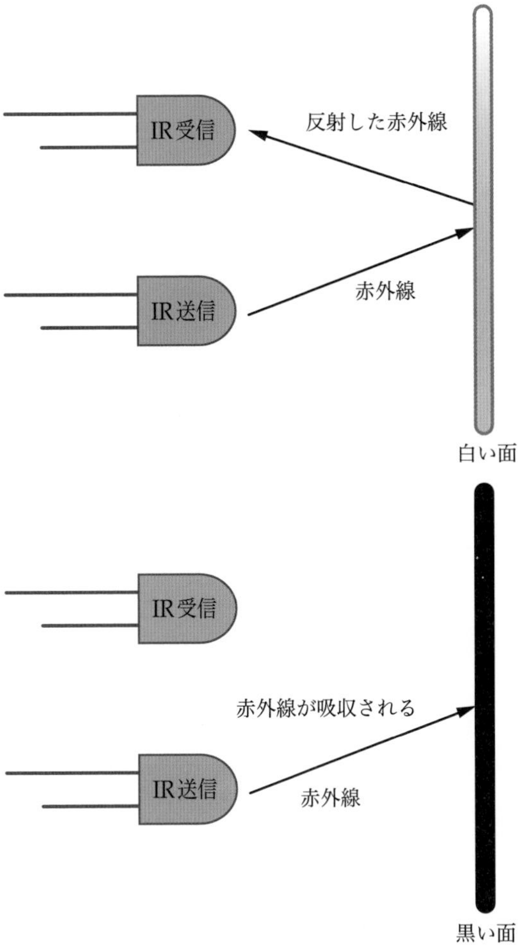

図 7.5 白い面と黒い面での赤外線の挙動の違い

ロボットの底面に赤外線センサーを下向きに 1 つ取り付ければ，黒い線の存在を検知できますが，ロボットが動いてセンサーが線の真上から外れると，どうなるでしょう．線の右や左に行き過ぎたかどうかを検知するためには，1 つのセンサーでは不足します．そこで，私たちのロボットには，前側左右中央の底面に，2 つの赤外線センサーを約 2.5〜5 cm 離して取り付けます．2 つのセンサーは，方向感覚のあるフィードバック機構を提供します．これらのセンサーの出力を組み合わせると可能性のある状態は 4 種類となり，それによってロボットの方向を決めます．

- 2 つのセンサーが反射信号を受信して白を検知した場合，ロボットは線の真上にいると見なします．したがって，ロボットはまっすぐ前進しなければなりません（図 7.6）．

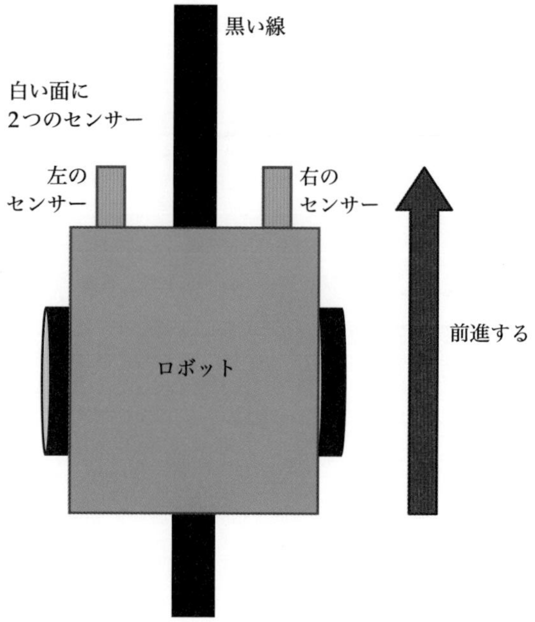

図 7.6 2 つのセンサーが白を検知した場合：前進

- 左のセンサーが反射信号を受信せずに，右のセンサーが受信した場合，左のセンサーが線を検知したことになります．これはロボットが右を向いてしまっていることを示しているので，図 7.7（上）のように左向きに修正する必要があります．
- 右のセンサーが線を検知し，左のセンサーが検知していない場合，図 7.7（下）に示したように，ロボットは右向きに修正する必要があります．
- 最後に，どちらのセンサーも反射信号を受信していない場合は，図 7.8 に示すように，どちらも黒を読み取っています（これは単純な四角い走路では起きません）．次に何をするかは設計者次第です．単にロボットを止めることは 1 つの選択肢であり，このプロジェクトではこの方法をとります．8 の字型の走路を考えると，止めるのが最適ではない状況を想像できます．このような状況では，ロボットをそのまま前進させたり，旋回させたり，後退させたりしたくなるかもしれません．いろいろ遊んでみて，一番良い設計を探してください！

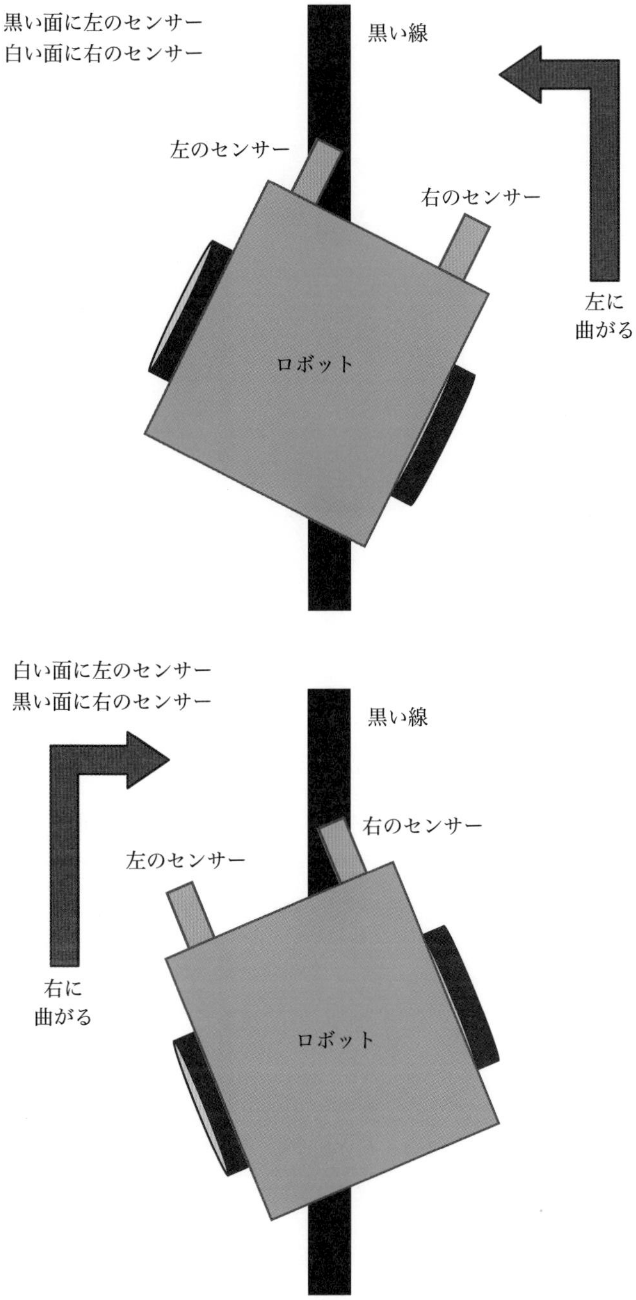

図 7.7 どちらかのセンサーが黒を検知した場合：右折または左折

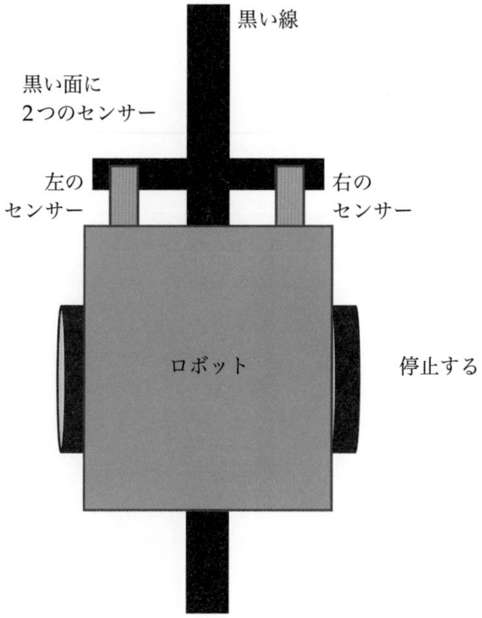

図 7.8 2 つのセンサーが黒を検知した場合：停止

赤外線センサーを使って線を見つける

いきなり 2 つの赤外線センサーを Raspberry Pi に取り付けて，線追従ロボットのプログラミングを始めるのではなく，まず 1 つだけ赤外線センサーを取り付けて，線検出の反応を試してみましょう．

部品リスト

赤外線センサーは，プロジェクトのこの部分では 1 つしか使いませんが，次のプロジェクトでは 2 つ必要なので，必ず 2 つ購入してください！

- TCRT5000 を使用した赤外線線追従センサーモジュール 2 個
- ジャンパワイヤー

図 7.9 に示すような，TCRT5000 を使用した線追従センサーモジュールが非常に一般的で，オンラインショップで 1 つ数ドル以下で購入できます．モジュールに含まれる TCRT5000 は赤外線光学センサー自体の名称で，基板に取り付けられた，赤外線送受信機のついた小さな黒い部品です．

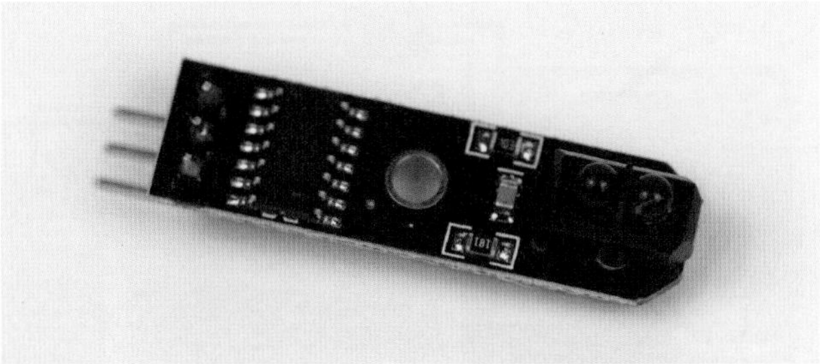

図 7.9 TCRT5000 赤外線線追従センサーモジュール

赤外線センサーの機能を使いやすくパッケージ化した，図 7.9 のような線追従モジュールを入手してください．これらの基板にはピンが 3 つあり，それらを接続することになります（図 7.10）．

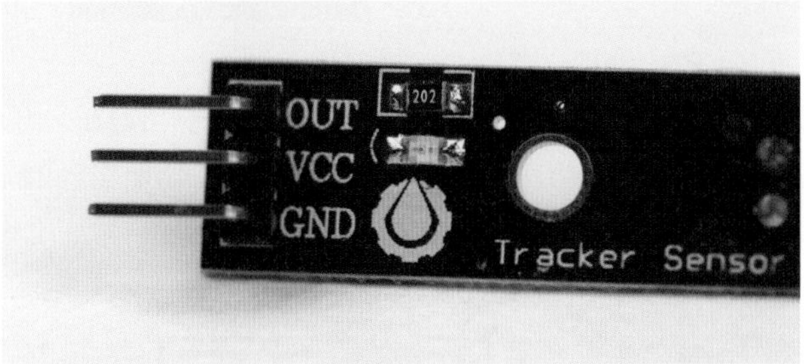

図 7.10 TCRT5000 赤外線センサーモジュールのピン配列

モジュールが電源に接続されると，TCRT5000 の赤外線ダイオードが赤外線を放射し続けます．光が反射してセンサーに戻ってこなければ，黒い線が存在していることになり，モジュールの出力ピン（OUT）が Low になります（すなわち，電圧が下がります）．この単純なデジタル回路はこのプロジェクトには理想的で，さらに，このモジュールは Pi の 3.3 V からそのまま電源を取ることができます．つまり，第 5 章の超音波距離センサーで使ったような分圧回路は不要です．

TCRT5000 線追従センサーモジュールを配線する

Pi の電源を切って，次の手順でセンサーを配線します．

1. メス–メス型のジャンパワイヤーを使って，TCRT5000 モジュールの VCC ピンと Raspberry Pi の物理ピン 1 を接続し，センサーに +3.3 V の電源を供給します．
2. ジャンパワイヤーを使って，モジュールの GND ピンとブレッドボードの共通 GND レールを接続します．ここまでで，図 7.11 のような配線になっているはずです．

メモ：
以下の回路図には前章までの配線を示しませんが，それらを取り外す必要はありません．

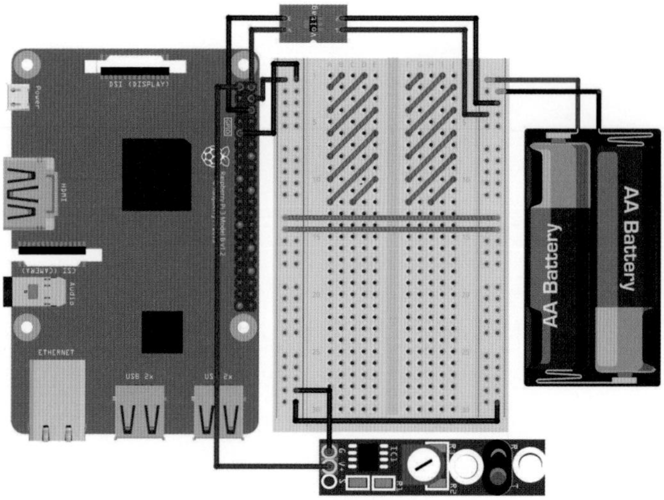

図 7.11　+3.3 V と GND に接続した線追従センサー

3. ジャンパワイヤーを使って，センサーのデータ出力ピン（OUT）と Raspberry Pi の物理ピン 21 を接続します．物理ピン 21 は BCM 9 です．完成した回路は図 7.12 のようになっているはずです．

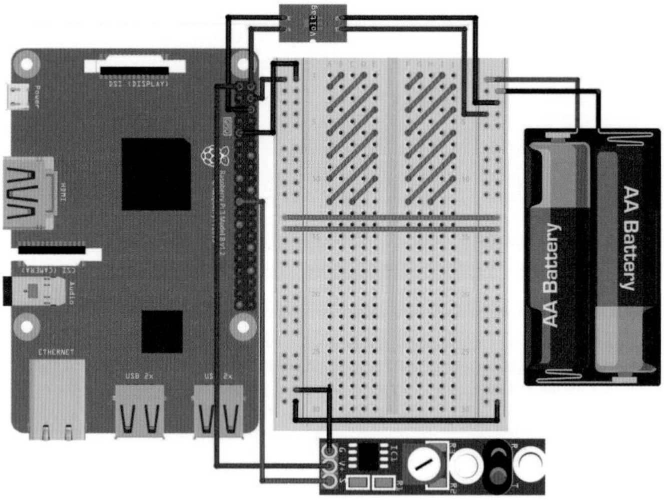

図 7.12　TCRT5000 線追従センサーモジュールの配線が完成した回路図

Raspberry Pi で線を見つけるプログラムを書く

Raspberry Pi に線追従センサーを接続できたので，線検出の反応を試すコードを書きましょう．コンセントから電源を取って Pi に接続して起動し，コードがあるディレクトリに移動し，以下を入力して `line_test.py` というテストプログラムを作成します．

```
pi@raspberrypi:~/robot $ nano line_test.py
```

リスト 7.1 は，TCRT5000 モジュールが線を検知したかどうかをターミナルに出力するコードです．これを Nano から入力してください．

リスト7.1 線を見つけたかを表示するプログラム

```
import gpiozero
import time

❶line_sensor = gpiozero.DigitalInputDevice(9)

while True:
  ❷if line_sensor.is_active == False:
        print("線を見つけました")
  ❸else:
        print("線を見つけられませんでした")

    time.sleep(0.2)
```

いつものライブラリを取り込んだ後に，線追従センサーを BCM 9 のデジタル入力として設定します（❶）．

プログラムのロジックを含む無限 while ループを開始します．❷ で if 文を使い，線追従センサーからの出力の有無を検出しています．線追従センサーからの出力がない場合は，赤外線の反射が戻っていないので，送出した赤外線が黒い線に吸収されていることになります．この場合は黒い線を検出したので，if 文の中の print() 文でそのことをターミナルに出力します．

else 文（❸）はセンサーからの出力がある場合，つまり線を検知していない場合です．この場合も同様に，その旨をターミナルに出力します．このあとプログラムは 0.2 秒待機し，ループします．

メモ：
TCRT5000 の検知可能距離は 1〜8 mm です．線とセンサーの間隔がこの範囲外だと，センサーモジュールから間違った検知結果が出力される可能性があります．

プログラムの実行：線を見つける！

プログラムを保存したら，白と黒の領域がある紙を用意してセンサーを試してみましょう．プログラムを実行するために，以下を入力します．

```
pi@raspberrypi:~/robot $ python3 line_test.py
```

センサーの検知可能範囲（1〜8 mm）に物体が存在しない状態では，ターミナルに表示される結果が不規則になることがあります．用意した白黒の紙をモジュールに近づけて，センサーの上で動かしてください．それに応じて，ターミナルの出力が変化するはずです．

```
pi@raspberrypi:~/robot $ python3 line_test.py
線を見つけられませんでした
線を見つけられませんでした
線を見つけました
線を見つけました
```

私のセンサーには，検知結果に反応して点灯する LED が上部についています．

もしモジュールに問題があって線をうまく検出できない場合は，次の方法を試してみてください．まず，照明を消して他の光源からの干渉を抑えるようにします．次の方法として，TCRT5000 モジュールの基板上に感度を調整するポテンショメーターがついている場合は，それを利用します．これは通常，ドライバーで回す白い十字を持つ，青いプラスチック部品です．ドライバーなどの適切な道具を使ってポテンショメーターを調節し，測定値が改善するかどうかを確かめます．

ロボットに線をたどらせる

センサーがうまく線を検知できたら，ロボットに走路をたどる機能を持たせましょう．

このプロジェクトでは，2 つ目のセンサーを接続して両センサーをロボットに取り付け，完全な自律移動プログラムを書いて，線追従ロボットを実現します．

2 個目の TCRT5000 モジュールを配線する

1 つ目の TCRT5000 モジュールを配線し，テストも終えたので，2 つ目を配線しましょう．

1. メス–メス型のジャンパワイヤーを使い，2 つ目の TCRT5000 モジュールの VCC ピンを Raspberry Pi の物理ピン 17 に接続します．これはもう 1 つの +3.3 V ピンであり，ここからセンサーに電源を供給します．
2. 次に，ジャンパワイヤーを使って，新しいモジュールの GND ピンをブレッドボードの共通 GND レールに接続します．
3. ジャンパワイヤーを使って，2 つ目のセンサーのデータ出力ピン（OUT）を Pi の物理ピン 23 に接続します．物理ピン 23 は BCM

11 です．2 つ目のセンサーの配線は図 7.13 のようになるはずです．図中，1 つ目のセンサーの配線は省略されています．

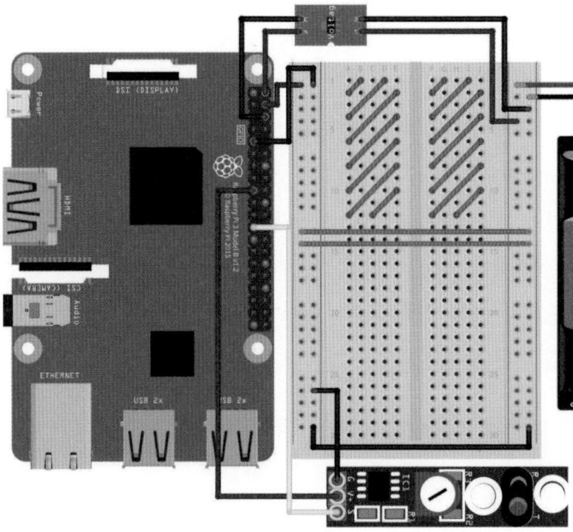

図 7.13　電源, GND, 出力を接続した 2 つ目の線追従センサー

2 つの線追従センサーを含む回路図を，図 7.14 に示します．

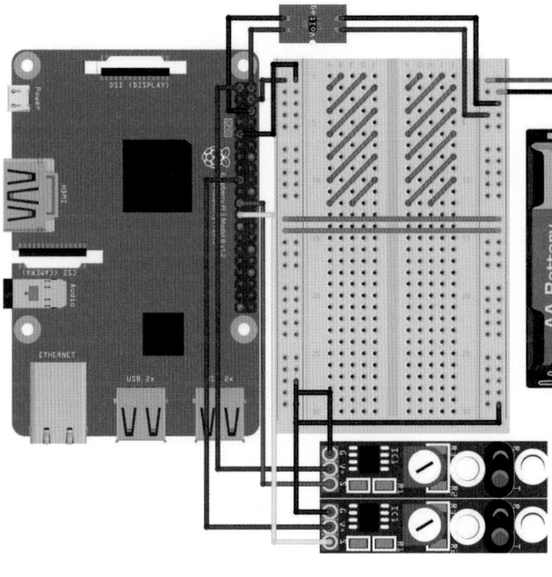

図 7.14　Raspberry Pi に接続した 2 つの線追従センサー

センサーを取り付ける

次に，TCRT5000 モジュールをロボット前面の下側に取り付けます．先ほどテスト用に書いたコードを変更しなくても済むように，1 つ目の TCRT5000 モジュール（BCM 9 に接続）をロボットの進行方向の左側に，2 つ目（BCM 11）を右側に配置してください．

これらのセンサーは，好きな方法で車台に取り付けられます．私と同じようにレゴを使っている方は，2×2 のレゴブロックで小さな柱を 2 つつくり，車台の底面に取り付けることをお勧めします．私のロボットでは，4 ブロックの高さが必要でした．次に，私はセンサーモジュールを粘着剤で柱の底面に取り付けました．

モジュールを取り付ける際，赤外線センサーと地面の間を 1〜8 mm にしなければならないことを思い出してください．また，2 つのモジュールの間隔が広ければ広いほど，ロボットが線から離れやすくなる（片方のモジュールが線を検知するのが遅れる）ことにも注意してください．参考までに，私の場合は 2.5 cm の間隔で，前面の安定化装置の両側に配置しました（図 7.15 参照）．

図 7.15 ロボットの下側に取り付けたレゴの柱と赤外線センサー

センサーのワイヤーは，レゴの車台の真ん中にあるすきまを通しました．

ロボットに線をたどらせるプログラムを書く

2 つのセンサーを配線して取り付けが完了したら，いよいよロボットに線をたどって移動させるためのコードを書きます．

次のようにして新しいプログラムを Nano で開き，名前を `line_follower.py` にします．

```
pi@raspberrypi:~/robot $ nano line_follower.py
```

リスト 7.2 のコードは，これまでに説明した線追従の理論と，モジュールのテストプログラムの内容をまとめ上げたものです．説明を読む前に，少し時間を割いてコードにざっと目を通してください．

リスト7.2 ロボットに線をたどらせるプログラム

```
import gpiozero

❶SPEED = 0.25

robot = gpiozero.Robot(left=(17,18), right=(27,22))

❷left = gpiozero.DigitalInputDevice(9)
right = gpiozero.DigitalInputDevice(11)

while True:
   ❸if (left.is_active==True) and (right.is_active==True):
        robot.forward(SPEED)
   ❹elif (left.is_active==False) and (right.is_active==True):
        robot.left(SPEED)
   ❺elif (left.is_active==True) and (right.is_active==False):
        robot.right(SPEED)
   ❻else:
        robot.stop()
```

このコードも，構成は本書のこれまでのプロジェクトと同じです．gpiozero を取り込み，定数 SPEED を作成して 0.25 に設定します（❶）．この値は，プログラム全体でのロボットの速度を表すもので，0 から 1 の範囲で設定できます．

最初にこのプログラムを実行してみたとき，ロボットの走行速度が線追従の能力に多大な影響を与えることがわかります．プログラムの冒頭でこの定数を定義することで，あとで速度を微調整する際，コード全体を見回さなくて済みます．

❷ では，1 つ目の TCRT5000 センサーの出力をデジタル入力として設定し，変数 left に代入します．2 つ目も同様にして，変数 right に入力します．

プログラムの主要なロジックである一連の if 文が含まれる無限 while ループを開始します．ここに線追従の理論が実装されています．

❸ のコードは，2 つのセンサーの出力が High になっている，すなわ

ち，両方とも白を読み取っている状況を扱います．この場合，線は検知されていないので，プログラムは線が両センサーの間にあると見なし，ロボットを最初に設定した速度で前進させます．

次の `elif`文（❹）は，左のセンサーが Low，すなわち黒い線を検知しているが，右のセンサーは High，すなわち白を検知している場合を扱います．この状況では，ロボットを左折させて進路を修正する必要があります．

【訳注】`elif` 文は “else if” の意味で，先の条件に一致しなければ次の条件を調べます．

ほぼ同じ `elif` 文（❺）は，右のセンサーだけが黒い線を検知した場合を扱います．この状況では，ロボットを右折させて進路を修正します．

最後に，❻ の `else` 文は，残りの選択肢，つまり，どちらのセンサーも Low であり，両センサーが黒い線を検知している場合を扱います．この状況でロボットにとらせる動作は，あなたが定義してください．私のコードでは，ロボットを停止させています．

プログラムの実行：ロボットが線をたどる！

線追従プログラムが完成したので，ロボットに電池を接続し，先ほどつくったテスト用の走路に置きます．このとき，黒い線が 2 つの TCRT5000 センサーの間にあること，つまり，ロボットが黒い線を両輪の中央でまたいでいることを確認してください（図 7.16 参照）．

図 7.16　線を追う準備ができ，実行を待っているロボット

次のコマンドでプログラムを実行します．

```
pi@raspberrypi:~/robot $ python3 line_follower.py
```

ロボットは完全に自律して走路を動き回り，何の問題もなく黒い線に沿って進むはずです．けなげに線を追って走り続けるロボットを褒めてあげましょう！

メモ：
ロボットのタイヤが走路をずらしてしまう場合は，テープで固定してください．

線追従の実験

線追従はロボット工学においてよく扱われる課題ですが，効率や結果を改善するのにかなりの調整とハッキングが必要であることは，容易に想像できます．あなたもすでに，結果を改善するための要素にいくつか気づいていることでしょう．このコラムでは，私から少し提案します．

走路を変える

簡単な四角い走路は最初のたたき台として素晴らしいのですが，すぐに飽きてしまいます．もっと大胆な走路をつくって，ロボットの能力を磨きましょう．鋭角のコーナーや長いストレート，入り組んだ連続コーナーを走らせてみましょう！ 例えば，下図のようなレーシングコースを見ると，きっと何かひらめくでしょう．

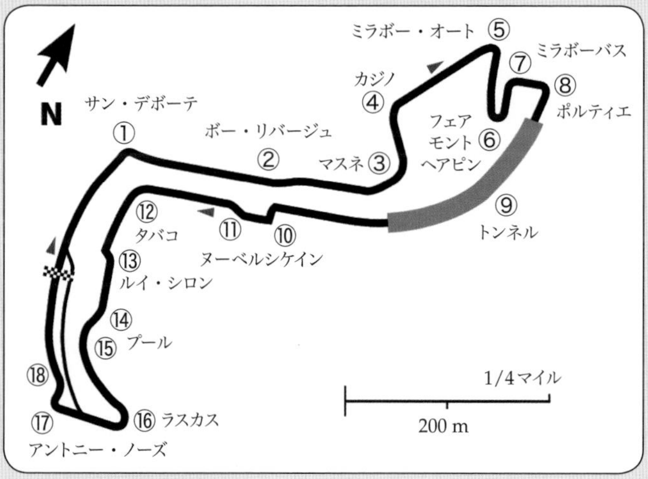

この図は，実際のモナコグランプリのサーキット図面に，ロボットがたどる黒い線を入れてみたものです！

速度を変える

ロボットが走路を動き回る速度が速くなればなるほど，TCRT5000センサーからの情報に，より細かい時間間隔で反応しなければなりません．ロボットの速度を変更するには，プログラムに戻って，コードの先頭で定義されている定数 SPEED を直します．しかし，速度を上げて他のコードはそのままにすると，ロボットは線から外れてしまうかもしれません．

また，コースのさまざまなポイントで，状況に合わせて速度を変更したいと思うかもしれません．例えば，コーナーはゆっくり回ったほうがロボットの性能が良くなるかもしれません．プログラムにこの機能を追加するには，もう 1 つの定数 CORNER_SPEED を作成して，それを右折や左折の関数で使います．

ロボットの速度を微調整しながら，例えばコースを 10 周する時間を計測しましょう．これにより，最適な速度が見つかるはずです．友達を集めて，誰のコードが一番かを競う線追従レース大会を開くこともできます．

センサーの位置を変える

赤外線センサーの間隔が離れれば離れるほど，線を検知しない範囲が広がり，ロボットの進路修正が遅れます．この状態では，ロボットの後部が線に沿ってジグザグと左右に振れてしまう可能性があります．モジュールを近づけると，線追従の動作はどのように変わるでしょう．確認してみてください．

モジュールの間隔が狭くなると，線からのズレに敏感になり，ロボットは細かく左右に動いて進路を補正するようになります．これはロボットがより正確に線をたどることを意味していますが，その代償は何でしょう？ コースを周回するタイムに影響しますか？ 確かめてみてください！

もっとセンサーを追加する

さらに進化させたいと思うなら，線追従センサーをもっと増やしてください．障害物回避と同じように，プログラムで使えるロボットの位置に関する情報が増えれば増えるほど，ロボットを賢くすることができます．TCRT5000 モジュールを 3 台，4 台，5 台と増やしていけば，ロボットがどれくらい線から外れているかを判断できるようになります．この情報をもとに，進路の修正方法を変えることができます．例えば，ロボットが線から遠く離れている場合は，より速い速度で旋回させます．

まとめ

本章では，ロボットに自律して線をたどる機能を追加しました．線追従の理論から必要なセンサーとそれらのコードまで，必要な知識をすべて解説しました．

次の章では，公式の Raspberry Pi カメラモジュールを使って，色付きのボールを認識しそれを追いかける機能をロボットに与える方法を紹介します！

第8章
コンピュータビジョン
——色のついたボールを追いかける

私たち人間は，自身の目と脳を使って周りの世界を視覚的に認識します．私たちは自然にそうしていますが，実際には，非常に複雑な処理が連続して視覚が成り立っています．

コンピュータビジョンとは，コンピュータや機械が，人間に優るとは言わないまでも，少なくとも人間と同じように周囲の環境を見て理解できるようにすることを目指した，コンピュータサイエンスや工学における先端分野です．

本章では，コンピュータビジョンの原理を学び，ロボットが自身に搭載したカメラで色付きボールを認識し，追いかける方法を紹介していきます．

コンピュータビジョンの役割

人間がモノを見て，認識し，反応する処理を考えてみましょう．まず，そのモノの映像が目を通り抜けて網膜に当たります．網膜は初期的な分析をし，受け取った光を神経信号に変換します．次に，それが脳に送られ，視覚野で徹底的に分析されます．脳はモノを識別し，必要な指示を筋肉に与えます．驚くべきことに，これらはすべて意識が介入することなしに一瞬のうちに起きます．

上記のごく簡単な説明ですら，視覚の複雑さはよく理解できるでしょう．コンピュータビジョンを開発する人々は何十年もの間，コンピュータにこれと同じような一連の作業をさせようと，精力的に取り組んできました．

あらゆるコンピュータビジョンシステムに求められるのは，以下の3つの機能です．

- **見る：** たいていの生き物は自身の目を通してモノを見ています．コンピュータはデジタルで同等の機能を実現できるもの，すなわちカメラを使わなければなりません．カメラは，レンズを使って光をデジタルセンサーに集めた上で，画像や動画のフレームといったデジタル情報に変換します．

- **処理する：** カメラからの入力を捉えたら，そこから必要な情報を抽出したり，そこに存在するパターンを認識したり，そうして得た情報を操作したりします．自然界では，これは脳の役割です．コンピュータビジョンの場合は，何らかのアルゴリズムに基づいたプログラムがこの役割を果たします．
- **理解する：** 最後に，そうして得た情報を理解しなければなりません．パターンが認識され，処理されたとして，そのパターンとは何で，どんな意味を持っているのでしょうか？ これを理解するステップも，やはりアルゴリズムと，それを実装したコードに依存します．

本章で取り組むプロジェクトを含む，視覚に基づくさまざまな問題を扱うためには，これら 3 つの機能をコンピュータで実現する必要があります．

この章では，自身が置かれた物理環境のどこかにある，特定の色のボールを検知し，認識し，それに向かって移動する機能を，ロボットに与えます．

部品リスト

このプロジェクトでは，2 つの新しい部品が必要です．

- 色付きのボール
- 公式 Raspberry Pi カメラモジュール

また，このプロジェクトの準備段階では，Pi カメラモジュールが撮影した画像を遠隔で見るための，別のコンピュータが必要です．これは，Pi に SSH で接続するのに使っているコンピュータで構いません．ここまで本書を進めてきて，まだ SSH を使っていない方は，プロジェクトの準備中，Pi を HDMI ディスプレイに接続してください．

それでは，新しい部品を詳しく見ていきましょう．

目標物：色のついたボール

まず，ロボットが探して追いかける対象となる色付きのボールが必要です．ボールは，ロボットが他の物体と区別できるように，部屋の他の場所にあまりない明るい色でなければいけません．図 8.1 のような，区別しやすく大きすぎないボールをお勧めします．私は，直径 5 cm ほどの明るい黄色のストレスボールを使っています．おそらく似たようなものが家のどこかにあると思いますが，もしなければオンラインショップで数ドルで購入できるはずです．

【訳注】 ストレスボールは，日本だと百円均一のお店で手に入ります．

図 8.1 色付きボールの例（本書では黄色のボールを使用）

公式 Raspberry Pi カメラモジュール

ロボットに視覚を与えるためには，カメラが必要です．このプロジェクトでは，図 8.2 に示す公式の Raspberry Pi カメラモジュールを使います．

図 8.2 公式Raspberry Pi カメラモジュール

カメラモジュールは Raspberry Pi 財団が設計し製作した Raspberry Pi の拡張基板です．最新型は 800 万画素のセンサーを持ち，大きさは約 25 mm 四方です！ カメラモジュールは，美しい静止画を撮影するだけでなく，フル HD 1080 p の動画を 30 fps で撮影することもできます．もし手持ちのカメラモジュールが古い 500 万画素のものでも，心配はありません．このプロジェクトでも問題なく使えます．

カメラモジュールのリボンケーブル（長さ約 15 cm）を接続する先は，図 8.3 に示す Raspberry Pi 上の CSI（カメラシリアルインタフェース）ポートです．CSI は，最新版の Pi Zero を含むすべての型で互換性があります．

図 8.3 Raspberry Pi の CSI ポート

メモ：

Pi Zero には CSI ポートではなく mini-CSI ポートがついているので，Zero にカメラモジュールを接続するためには，mini-CSI を CSI に変換する 5 ドル程度のケーブルが必要です．「Pi Zero カメラケーブル」で検索してください．なお，本章のプロジェクトは高負荷の処理を含むため，Zero や初代の Pi はお勧めしません．

公式の Raspberry Pi カメラモジュールは，いつものオンラインショップで 30 ドル程度で購入できます．オンラインショップで見てみると，公式カメラモジュールには，通常のカメラと NoIRの 2 種類があることがわかります．このプロジェクトでは，「通常」のカメラモジュールが必要です．両者は基板の色の違いで簡単に見分けることができます．通常のカメラモジュールは緑で，NoIR カメラモジュールは黒です．

【訳注】 NoIR は赤外線をカットするフィルタがついていないことを表します．このモデルは赤外線 LED を使って暗闇でも撮影できます．

カメラモジュールを接続して設定する

Pi の電源が切れていることを確認した上で，以下の手順でカメラモジュールを接続してください．

1. Raspberry Pi の CSI ポートの位置を確認します．フルサイズの Raspberry Pi では，HDMI ポートと 3.5 mm オーディオジャックの間にあって，基板に CAMERA と書いてあります．
2. 次に，ポートを左右からしっかりとつかんで，ゆっくり引き上げて開きます（図 8.4 参照）．これは細心の注意が必要な作業で，おそらく側面のすぐ下に爪を入れるとうまくいくでしょう．

図 8.4 ケーブルを差し込むために開いた CSI ポート

3. カメラモジュールのリボンケーブルの銀色の接点を，3.5 mm オーディオジャックやイーサネットポートに背を向けた状態で CSI ポートの奥まで差し込みます（図 8.5 参照）．この向きが重要です．逆向きにケーブルを差し込んでも，正しく接続されず使用できません！

図 8.5 CSI ポートに正しい向きで挿入したリボンケーブル

4. 次に，リボンケーブルを差し込んだ状態で，CSI ポートの両側に指を掛け，押し戻して閉じます．両側を均等に押し込まないと，片側が開いたままになりケーブルが抜けてしまうかもしれません．リボンケーブルがきちんと接続された状態を図 8.6 に示します．銀色の接点の一部がわずかに見えていて，それらがすべて CSI ポートに対して平行になっていることを確認してください．

図 8.6 正しく接続されたリボンケーブル

5. 最後に，CSI ポートからリボンケーブルを優しく引っぱって，カメラモジュールが外れてこないことを確認します．ケーブルが外れたりぐらついたりする場合は，いったんケーブルを外して，今までの手順を繰り返してください．

Raspberry Pi Zero にカメラモジュールを接続する場合も，同様の手順で行います．基板の右側にある mini-CSI ポートを見つけて，両側に指を掛けて開きます．そして，Pi Zero のカメラケーブルを差し込むときに銀色の接点が基板の裏側を向いていることを確認します．図 8.7 を参照してください．

図 8.7 Pi Zero モデルの mini-CSI ポートへのカメラケーブルの接続

カメラを取り付ける

カメラモジュールの Pi への接続が済んだら，次にカメラを適切な位置に取り付けます．良好な視界が得られるように，ロボットの前面の比較的低い位置に粘着剤を使ってカメラを固定することをお勧めします．こうするために，私は 2×2 のレゴブロックを使って取り付ける場所をつくりました（図 8.8 を参照）．取り付ける位置も，この写真を参考にしてください．また，写真のように，ケーブルをできる限りねじらないように注意してください．

図 8.8 Raspberry Pi ロボットに設置したカメラモジュール

カメラモジュールは非常に壊れやすいので，取り扱いには注意が必要です．Raspberry Pi からリボンケーブルが抜けてしまったときは，前と同じ方法で再度接続してください．カメラモジュール側のケーブルの接続が緩むこともあります．この場合も，同様の方法で再度接続することができます．

カメラと VNC を有効にして画面の解像度を設定する

Raspberry Pi OS でカメラを使うには，まずカメラを有効にしなければなりません．第 1 章の指示にすべて従っていれば，この部分はすでにできているはずです．それに加えて，このプロジェクトのために VNC を有効にし，正しい画面解像度を手動で設定しなければなりません．全工程を以下に示します．

この設定をするには，設定ツール `raspi-config` を使います．コマンドラインを開いて次を入力します．

```
pi@raspberrypi:~/robot $ sudo raspi-config
```

第 6 章で Raspberry Pi のオーディオ出力を設定したときに見たのと同じグレーの設定画面が表示されるはずです．矢印キーを使って［Interface Options］まで下にスクロールし，ENTER を押します．すると，図 8.9 に示す新しいメニューが開きます．

【訳注】 raspi-config の古い版では［Interfacing Options］．

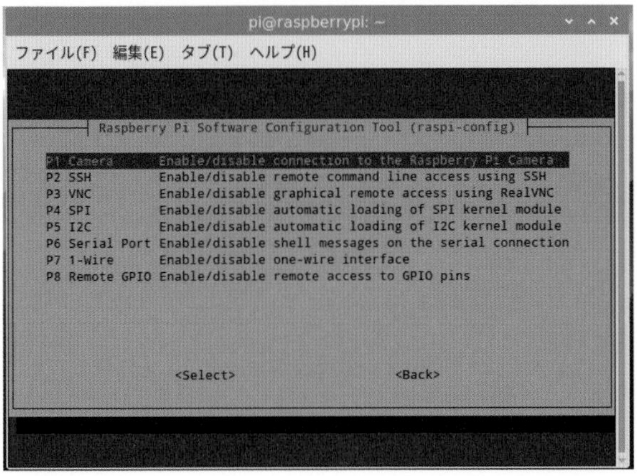

図 8.9 raspi-config ツールの［Interface Options］メニュー

ENTER を押して［Camera］を選択します．そして，カメラインタフェースを有効にするかどうかを聞かれたら，左右の矢印キーを使って［はい］を選択します（図 8.10 参照）．

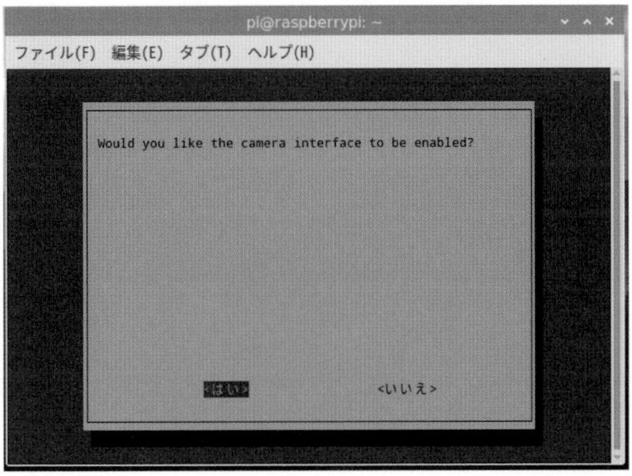

図 8.10 ［Interface Options］からカメラを有効化

カメラを有効にしたことを確認するメッセージが表示され，元のメニューに戻ります．

raspi-config ツールを開いている間に，VNC を有効にし，解像度を設定します．VNC の詳細な説明は次の節でしますので，いったん設定だけを以下の手順どおりに済ませてください．

もう一度［Interface Options］まで移動して，［VNC］を選択します（図 8.11 参照）．ENTER キーを押して有効にします．

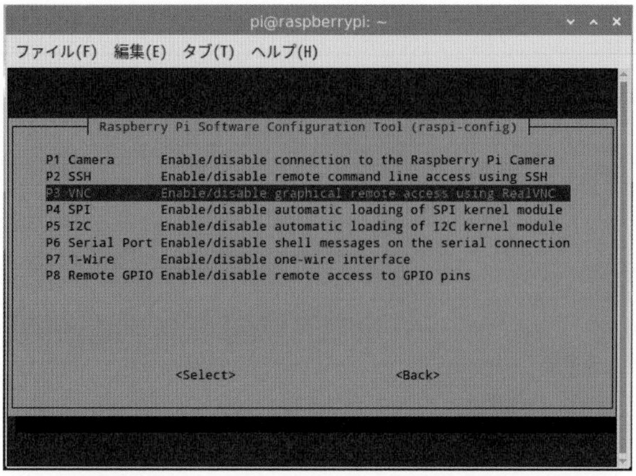

図 8.11 ［Interface Options］から VNC を有効化

元のメニューに戻ります．最後に，Pi の画面解像度を指定します．これによって，あとで VNC を使用する際に，画面が正しく設定されるようになります．解像度を指定するには，元のメニューから［Display Options］を選び，［Resolution］を選択します（図 8.12 参照）．

【訳注】 raspi-config の古い版では［Advanced Options］．

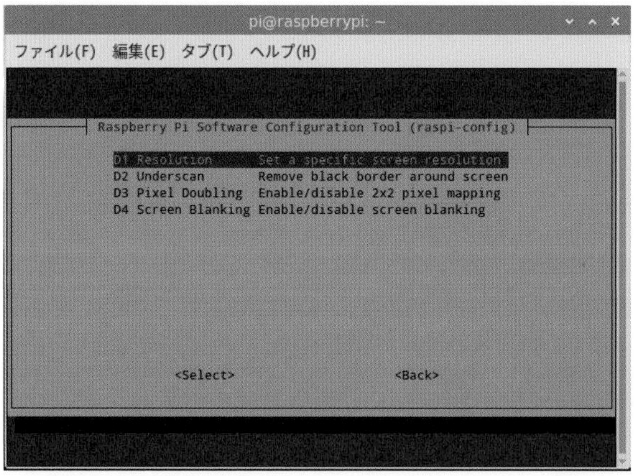

図 8.12 ［Display Options］にある［Resolution］オプション

すると，画面の解像度を選択する画面が表示されます．矢印キーを使ってフル HD の選択肢「DMT Mode 82 1920x1080 60Hz 16:9」に移動します（図 8.13 参照）．この選択肢で ENTER キーを押すと，画面の解像度が設定されます！ 元のメニューに戻りましょう．

メモ：
PC の解像度がフル HD より低い場合は，Pi の画面解像度を，PC より低い選択肢のうち最も高いものに設定します．ここで設定した解像度は，後にいつでも `raspi-config` から再設定できます．

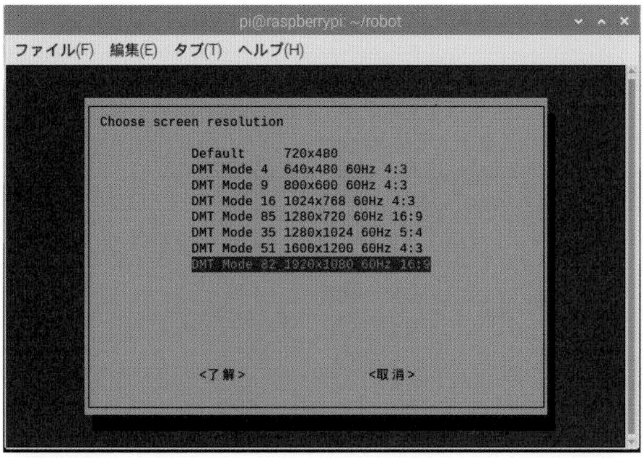

図 8.13 画面の解像度設定でフル HD を選択

右矢印キーを 2 回押し（[Finish] を強調表示），ENTER キーを押して設定ツールを終了します．

テスト撮影する

カメラモジュールを接続して有効にしたら，撮影を試してみましょう．これは遠隔のターミナルから簡単なコマンドで容易に実行できますが，ターミナルはテキストベースの環境なので，撮影した画像を見ることができません！ ここで，前に有効にした VNC の出番となります．

VNC を使って Pi のデスクトップを遠隔から操作する

VNC は virtual network computing（仮想ネットワークコンピューティング）の略です．SSH でやっていたことと同じようなものですが，遠隔の PC からターミナルではなく完全な GUI で，Raspberry Pi のデスクトップを見たり操作したりすることができます．つまり，Raspberry Pi OS の内蔵画像ビューワを使って，Raspberry Pi カメラモジュールで撮影した写真を簡単に見ることができます．

メモ：
これまで SSH により Raspberry Pi を無線で使っていない方も，心配はありません！その場合でも，本節の後の手順に従い，HDMI で Pi に接続したモニターから結果を見ることができます．

VNC Viewer をインストールして接続する

Raspberry Pi 側の設定はすべて完了したので，次に，画像を見たい PC に VNC Viewer をインストールします．Windows，Mac，Linux などに対応した RealVNC 社の VNC Viewer というフリーソフトウェアを使います．ソフトウェアをインストールするには，次の手順に従ってください．

1. ウェブブラウザで，https://www.realvnc.com/en/connect/download/viewer/ を開きます．図 8.14 に示すように，VNC Viewer ソフトウェアのダウンロードページが表示されます．

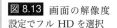

図 8.14 VNC Viewer ソフトウェアのダウンロードページ

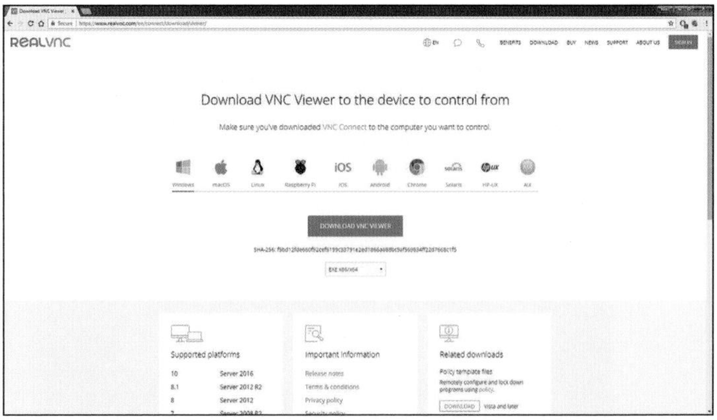

2. お使いのオペレーティングシステムを選択し，［Download］ボタンをクリックします．ソフトウェアのダウンロードが完了したら，インストールウィザードで利用規約に同意します．数分後にすべてインストールされて準備完了です！

インストールした VNC Viewer を起動します．ウィンドウが開き，その上にダイアログボックスが表示されます．ここで，Raspberry Pi の IP アドレスを入力します．この IP アドレスは SSH で Pi に接続するときに使っていたので，すでにわかっているはずです．

ユーザー名とパスワードを尋ねる認証ダイアログが表示されます（図 8.15）．Raspberry Pi のログイン情報を入力して，［OK］ボタンを押します．標準ユーザーを変更していなければ，ユーザー名は `pi` で，パスワードは第 1 章で設定したものです．

図 8.15 Raspberry Pi に接続するための VNC Viewer の設定

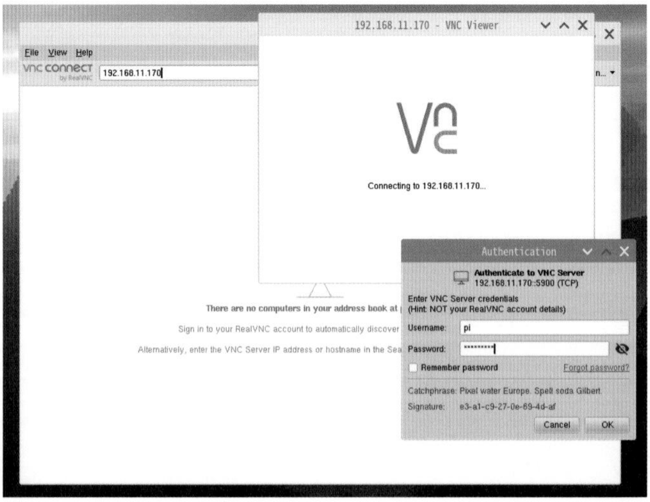

Pi のデスクトップを表示する新しいウィンドウが現れます（図 8.16 参照）．このウィンドウから，Pi が HDMI モニターに接続されているかのように，Pi のデスクトップが提供するすべての機能を使用することができます．

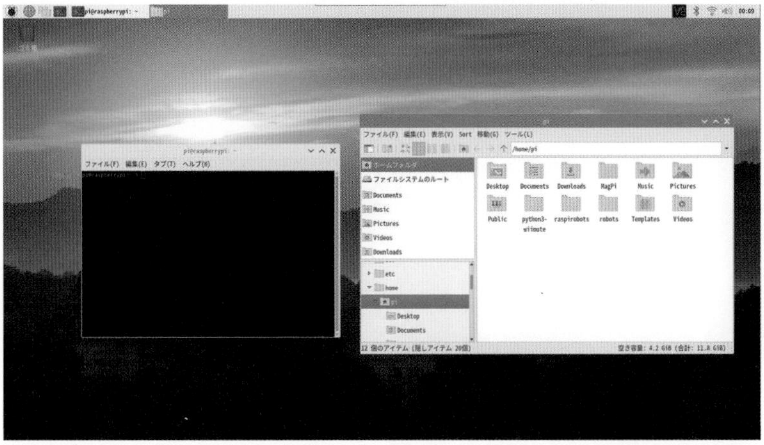

図 8.16 VNC 経由で見た Raspberry Pi デスクトップ環境のターミナルとファイルマネージャ

Raspberry Pi カメラモジュールを使って写真を撮影し表示する

すべての設定が完了したので，いよいよテスト撮影ができます！ `raspistill` という内蔵のコマンドラインツールを使用します．SSH 接続もしくは VNC 接続のデスクトップ環境でターミナルを開き，次のコマンドを入力して写真を撮影します．

```
pi@raspberrypi:~ $ raspistill -o test.jpg
```

5 秒間の待ち時間の後（カメラ前への移動や構図の確認など），写真が撮影され，このコマンドは終了します．ターミナルに何も出力されなければ，それは良い知らせです！ このコマンドには，うまくいったというメッセージはありません．撮影された写真は，コマンドを実行したディレクトリ（この例ではホームディレクトリ）に `test.jpg` という名前で保存されます．

VNC デスクトップで画像を見るには，VNC デスクトップ環境にある［File Manager］アイコン（図 8.17 参照）をクリックして，`raspistill` コマンドを実行したディレクトリに移動し，`test.jpg` を探して，ダブルクリックします．イメージビューワに撮影した写真が表示されるはずです（図 8.18 参照）．

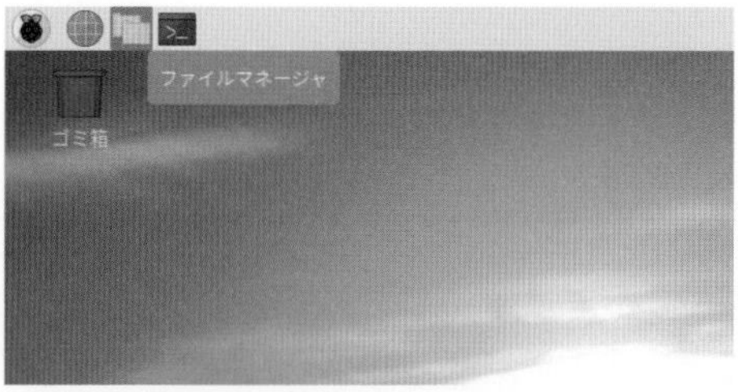

図 8.17 [File Manager] アイコン

図 8.18 (上) VNC 経由で表示されたデスクトップ．test.jpg がイメージビューワに表示されている．(下) test.jpg の拡大写真．2 つの色付きボールのほか，カール・セーガンの COSMOS とステープラーが写っている．

トラブルシューティング：カメラが使えない！

raspistill コマンドを実行したときに次のような怖いエラーが出ても，心配しないでください！

```
pi@raspberrypi:~ $ raspistill -o test.jpg
mmal: mmal_vc_component_enable: failed to enable component: ENOSPC
mmal: camera component couldn't be enabled
mmal: main: Failed to create camera component
mmal: Failed to run camera app. Please check for firmware updates
```

おそらく，カメラがきちんと接続されていません．この種のエラーメッセージが表示されたら，カメラモジュールと Pi の間のリボンケーブルの接続を確認してください．また，「カメラと VNC を有効にして画面の解像度を設定する」(p.174) に戻って，カメラインタフェースをきちんと有効にしたか確認してください．

ロボットにボールを追いかけさせる

カメラの接続と，写真の撮影と表示のテストがうまくいったので，いよいよロボットに色付きのボールを認識させて追いかけさせるという，より進んだプロジェクトに挑戦しましょう．

しかし，まずは重要な理論を簡単に説明します．以下では，ロボットが認識し追いかける対象は，黄色いボールです．

色のついた物体を認識するために必要な理論を理解する

人間のような脳を持たないロボットに，人間のように特定の物体を認識させるにはどうしたらよいでしょうか？

ボールは止まっていても，動いているロボットからすると，ボールの位置は常に変化するので，まず必要なことは，ロボットから見える景色を継続的に更新することです．カメラモジュールは，**ビデオフレーム**または単に**フレーム**と呼ばれる画像の流れを介して，この変化する景色を提供します．

次に，順次更新される図 8.19 のような各画像に対し，色付きのボールがあるかどうかを検出するための，さまざまな画像処理技術を適用する必要があります．

図 8.19 解析対象となる，カメラモジュールから送られてきた生の画像

最初に，RGB 形式の画像を HSV 形式に変換します．RGB については第 6 章で説明しましたが，ここで簡単に復習しましょう．RGB は red（赤），green（緑），blue（青）の略です．図 8.19 のカメラモジュールからの画像の各画素は，これら 3 つの色の組み合わせからできていて，例えば [100, 200, 150] のように 0 から 255 の 3 つの数で表されます．

コンピュータは色を表示するために RGB を使いますが，画像やそれらに含まれる色データを処理するためには，HSV のほうがはるかに適しています．HSV は hue（色相），saturation（彩度），value（明度）の略で，色を 3 つのパラメータでデジタル的に表現するもう 1 つの方法です．HSV は RGB より理解したり表現したりするのが少々やっかいですが，図 8.20 のような円柱として見ると，理解しやすくなります．

図 8.20 HSV 色空間の円柱モデル

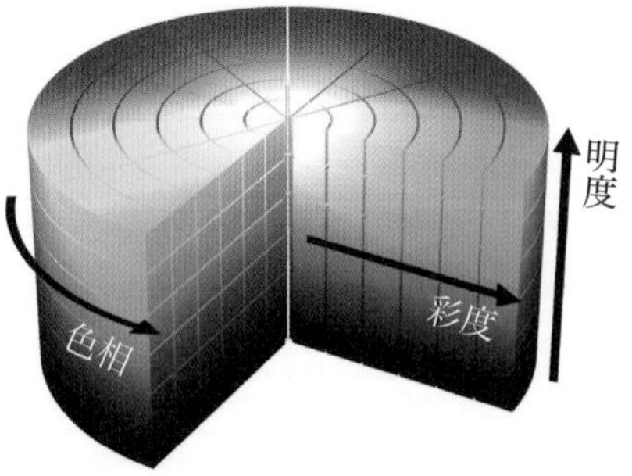

色相はHSVモデルの色の部分で，0度から360度の数値で表現されます．この範囲のそれぞれの部分がそれぞれの色を表します（表8.1参照）．

表8.1 HSVの色相範囲

色	角度
赤	0～ 60
黄	60～120
緑	120～180
シアン	180～240
青	240～300
マゼンタ	300～360

彩度は色の中の白の度合いを表すもので，0%から100%の値をとります．**明度**は彩度とともに働き，明るさとして考えることができます．色の明度は0%から100%で表します．

各画像をHSV形式に変換することで，Piは色成分（色相）のみを分離して解析することができます．これは，環境や照明効果に関係なく，コンピュータが色付きの物体を認識できることを意味しています．RGB色空間でこれを実現するのは至難のわざです．図8.21は，図8.20の画像をHSV形式に変換して処理した結果を，RGBで擬似的に表現したものです．

図8.21 画像のHSVデータ

図8.21に示すとおり，ロボットが追いかける黄色のボールがはっきりとした形で見えています．その周りにある赤いボールや他のどの物体とも混同することはありません．ただし，これはHSV色をRGBで擬似的

に表現したものであることを忘れないでください．色の色相値は，そのまま私たちの目に見える画像として表すことはできません．

次の段階では，目的の色とマッチする色を探して識別します．この例では，画像全体に対して，黄色のボールと同じ色を持つ領域をマッチさせます．マッチした部分を残し，他の部分を**マスク**した画像をつくります（図 8.22 参照）．

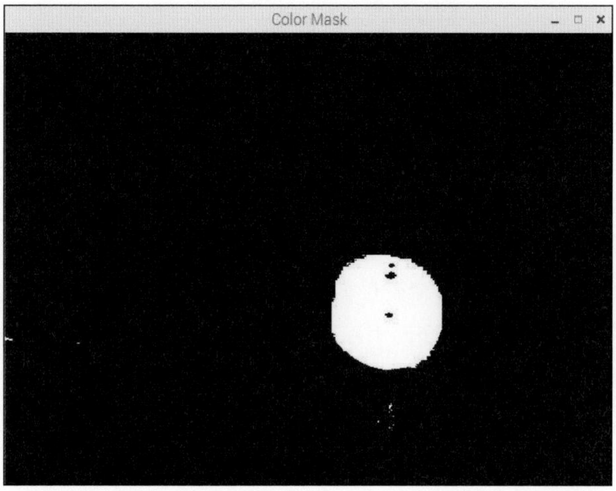

図 8.22　色相が黄色のボールと同じではない領域をマスクした画像．ボール上にマッチしていない領域（光が反射した部分と周囲の陰の部分）があることに注意！

さて，全体の画像から目的の色を持つ部分を分離できたので，次はその中から最も面積が広い領域を特定します．図 8.22 には，黄色のボールに対応する領域以外にも（小さいですが）黄色と認識された部分があります．これらを正しく排除しないと，ロボットは混乱して，目的のボールではなく，そちらに向かってしまうかもしれません．遠くにあるバナナに気を取られてはいけないのです！

追いかける対象は図 8.22 で抽出された部分のうち，最大の面積を持つ部分だとして，それを選ぶためには，どうするとよいでしょうか？ そのために，検出された各領域の周りに輪郭を描きます（図 8.23 参照）．それぞれの輪郭の内側の面積は，基本的な数学を使って計算できます．それらの面積を比較することで，最も大きい部分を特定し，それを目標物に決定します！

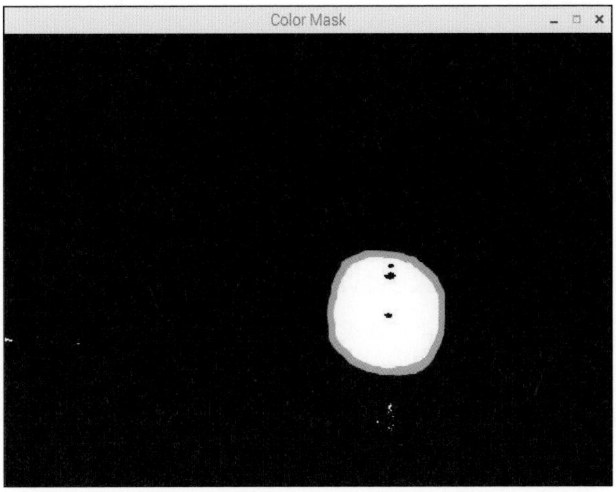

図 8.23 検出された中で最大の領域に描かれた輪郭

あとは，ロボットが物体に向かって動くようにプログラムするだけです．対象がロボットの右側にあるなら，右に曲がります．ロボットの左側にあるなら，左に曲がります．ロボットの正面にあるなら，前進します．

コンピュータビジョン技術を使って，Raspberry Pi ロボットにボールを追いかけさせる方法は，以上です！ いよいよ実践するときが来ました．

ソフトウェアをインストールする

コンピュータビジョンを使えるようにするには，そのための Python ライブラリが必要です．特に重要なのは，リアルタイムのコンピュータビジョンに役立つ各種機能を提供するオープンソースライブラリである OpenCV です．また，Python でカメラモジュールを操作する Python ライブラリである PiCamera も必要です．こちらは，最新版の Raspberry Pi OS には最初から含まれています．

次のコマンドにより，Python 3 用 OpenCV ライブラリの関連ソフトウェアをインストールします．

```
pi@raspberrypi:~ $ sudo apt install libblas-dev ⏎
libatlas-base-dev libjasper-dev libqtgui4 libqt4-test
```

続けるかどうかを聞かれたら，Y キーを押して，次に ENTER キーを押します．このコマンドの実行には数分かかります．

次に，pip（前にも使用した Python ソフトウェア管理ツール）を使って，Python 3 用の OpenCV をインストールします．次のコマンドを入

メモ：
このインストール作業中にエラーが出たときや，正しく完了していないように見えるときは，本書のウェブサイト（https://nostarch.com/raspirobots）にアクセスして，インストール方法に変更がないかを確認するとともに，詳しい説明を入手してください．

力してください．

```
pi@raspberrypi:~ $ sudo pip3 install opencv-python
```

OpenCV のインストールが完了したら，次のコマンドで PiCamera ライブラリがインストールされていることを確認してください．ほとんどの場合，すでに最新版が入っているというメッセージが出るはずですが，そうでない場合はインストールを進めてください．

```
pi@raspberrypi:~ $ sudo apt install python3-picamera
```

これで準備完了です！

目的の色の色相値を調べる

特定の色のボールを識別するためには，その色相値をプログラムに与える必要があります．プログラムは，ロボットの移動とともに変化する各景色画像に対して，与えられた色相値と画像のそれぞれの部分の色相値とを比較して，ロボットに追いかけさせる対象物を特定します．

おそらくあなたと私とで使用するボールの色が違うので，あなたの色相値を調べる必要があります．たとえ私と同じ黄色のボールだったとしても，微妙に色合いが違うかもしれません！

必要な色相を調べる方法はいろいろありますが，一番良い方法は図 8.21 や図 8.22 のような画像を実際に Raspberry Pi で出力し，試行錯誤しながら，あなたのボールの色相値を探すことです．この作業を容易にするために私がつくった HSV テストプログラム hsv_tester.py を，本書のウェブサイト（https://nostarch.com/raspirobots/）に置いてあります．次項では，このプログラムを実行する方法を説明します．

HSV テストプログラムを実行する

ロボットを明るい環境に置き，その前のだいたい 1 メートルくらいのところに色付きのボールを置きます．そして，ロボットの Pi を起動し，VNC 経由で遠隔からデスクトップを表示します．次に，デスクトップでターミナルを開き，hsv_tester.py プログラムを robot ディレクトリにコピーした上で，次のコマンドを使って実行します．

```
pi@raspberrypi:~/robot $ python3 hsv_tester.py
```

10 から 245 の間で色相値を指定するように求めるメッセージが表示されます．まず，色相値の当たりをつけましょう．表 8.1 を見れば，どのあたりから始めればよいのか，大まかな目安がわかります．私のボールに近い黄色なら，40 と推測します．値を入力すると，これまでの説明で見かけた 4 つのウィンドウが現れます（図 8.24 参照）．あなたがこのテストプログラムを実行したときは，もちろんあなたのカメラに映った画像が表示されます．

メモ：
このテストプログラムはリスト 8.1 以降に示す実際のボール追跡コードと非常に似ているので，具体的な説明は省きます．リスト 8.1 以降のコードについては，いつものように詳細な説明をします．

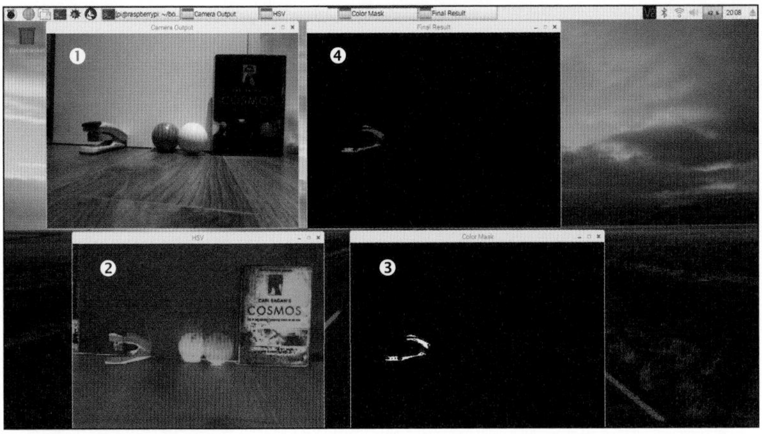

図 8.24 HSV テストプログラムの 4 つのウィンドウ

【訳注】 図 8.24 の ③ や ④ の画面が同じような見え方になっていなくても問題はありません．ボールの形が再現できる色相値を試行錯誤して見つけます．

［Camera Output］というタイトルのウィンドウ ① は，カメラモジュールから出力されたまま未加工の RGB 画像を表示します．［HSV］というタイトルのウィンドウ ② は，同じ画像を HSV 形式に変換したものです．［Color Mask］というタイトルのウィンドウ ③ は，指定した色相値と一致しない画像部分をマスクした結果です．最後に，［Final Result］というタイトルのウィンドウ ④ は，元の RGB 画像を ③ の画像でマスクした最終結果です．

もし，④ のウィンドウで示された物体が，目的の物体をそこそこ再現できていれば，プログラムに与えるべき色相値が見つかったことになります！

ところで，図 8.24 は黄色のボールではなく，ステープラーが抽出されています．このように，最初に選んだ色相値がいきなり正解となることはほぼあり得ませんし，その後もしばらくは試行錯誤が必要でしょう！再度試すには，（ターミナルウィンドウではなく）出力ウィンドウのどれかを選択して，キーボードから Q を押します．これで画像の出力を止めてターミナルに戻り，別の色相値でやり直すことができます．

あなたのボールが④のウィンドウに表示されるまで，遊びながら色相値を微調整しましょう．私もしばらく遊び，私のボールの色に一致する値は 28 であることがわかりました．その段階で，4 つのウィンドウは図 8.25 のようになりました．右の 2 つのウィンドウではボールの大部分が見えていて，かつ，他の部分はほとんどすべてマスクされた状態になっています．

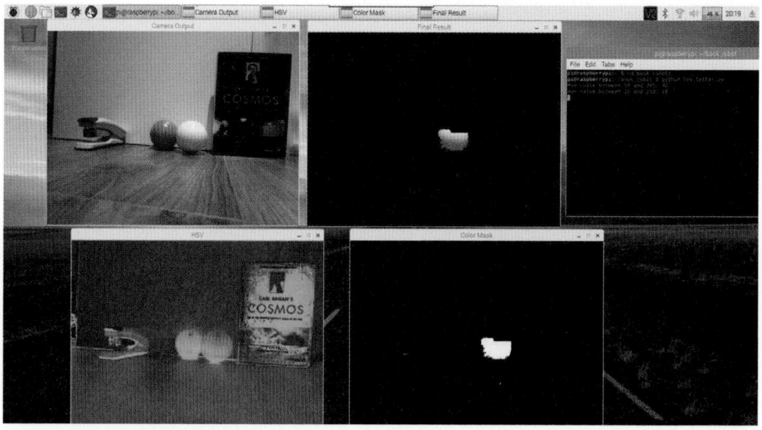

図 8.25　適切な色相値 28 を見つけたときの出力ウィンドウ

この色相値は後に必要になるので，メモしておきましょう．正しい値がわかったら，ターミナルウィンドウで CTRL+C を押して HSV テストプログラムを終了します．

ロボットにボールを追いかけさせるプログラムを書く

すべての基礎部分が整ったので，Raspberry Pi ロボットにボールを追いかけさせるプログラムを書く段階になりました！ このプロジェクトのプログラムは，本書のこれまでのプログラムより高度で，かつ長くなります．特にタイプミスを避けたい方は，本書を見ながら手入力するのではなく，本書のウェブサイトからダウンロードしたものをお使いください．プログラムは `ball_follower.py` という名前です．`robot` ディレクトリにコピーした上で，次のコマンドで開いてください．

```
pi@raspberrypi:~/robot $ nano ball_follower.py
```

このプログラムは 75 行もあるので，一度に全部は示さず，区分けして段階的に説明していきます．

いったんコードを実行してみたあとで，各部分の説明を読みたい方は，「プログラムの実行」（p.195）に進み，その後ここに戻ってきてください．

ライブラリを取り込んでカメラモジュールを設定する

まず，リスト 8.1 に示すように，必要なライブラリを取り込み，いくつかの設定をする必要があります．

リスト8.1 ライブラリを取り込んでカメラモジュールを設定するプログラム

```
❶from picamera.array import PiRGBArray
 from picamera import PiCamera
 import cv2
 import numpy as np
 import gpiozero

❷camera = PiCamera()
❸image_width = 640
 image_height = 480
❹camera.resolution = (image_width, image_height)
 camera.framerate = 32
 rawCapture = PiRGBArray(camera,
                         size=(image_width, image_height))
❺center_image_x = image_width / 2
 center_image_y = image_height / 2
❻minimum_area = 250
 maximum_area = 100000
```

プログラムの最初の行で，Python でカメラモジュールを使うために必要な PiCamera ライブラリのさまざまな部品を含む，必要なライブラリを取り込みます（❶）．また，OpenCV ライブラリ cv2，いつもの gpiozero，そして NumPy ライブラリ np も取り込んでいます．NumPy は科学技術計算用の Python ライブラリで，後に画像データを扱う際に役立ちます．

❷ では，PiCamera オブジェクトを生成し，プログラム全体で使用する変数 camera に代入しています．次に，カメラから入力される画像の大きさ（❸）と解像度（❹）を定義します．フル HD 画像フレームは必要ありませんし，速度や性能が低下するだけなので，解像度を 640×480 の標準画像に落とします．❹ に続く行では，カメラのフレームレートと，カメラから得られた未加工のデータを保持する領域を設定しています．

❺ の 2 行で，画像の中心の座標を求めています．この情報は，後ほど，ボールがフレームのどこにあるのかを特定し，ロボットの動作を決定するのに使います．

❻ では，マスクされた画像中で色付きボールとして追いかける，最小・最大面積を設定しています．具体的には，250 正方画素より小さい，もしくは，100,000 正方画素より大きい領域は，ロボットに追いかけさせ

ないようにします．これらは私が見つけたかなりうまくいく数字ですが，変更したいと思ったらご自由にどうぞ！

ロボットと色相値を設定する

リスト 8.2 に示すように，設定処理の最後の部分は，ロボットに関する設定と，色相値の設定です．

リスト8.2 ロボットと色相値を設定するプログラム

```
robot = gpiozero.Robot(left=(17,18), right=(27,22))
❶forward_speed = 0.3
turn_speed = 0.2

❷HUE_VAL = 28

❸lower_color = np.array([HUE_VAL-10,100,100])
upper_color = np.array([HUE_VAL+10,255,255])
```

前と同じように，ロボットとモーターピンを設定し，❶で前進速度と旋回速度をそれぞれ 0.3，0.2 と定義します．ロボットが色付きボールに向かう速度は，この値により制限されます．以前のプロジェクトと同様に，この値は実際にロボットを動かしながら，より良い動作が得られるように調整してください．

❷では，色相の値を設定します．28 という値は私の黄色のボールの値なので，あなたが HSV テストプログラムを使って見つけた値に変更しなければなりません．

次に，ロボットが実際にボールを認識するのに使う HSV 値の範囲を，Python の「配列」を使って設定します（❸）．つまり，ボールにぴったりの単一の色相値ではなく，その前後に範囲を認め，彩度，明度についても許容範囲を決めます．そうすれば，部屋の照明の当たり具合などによる色の変化を認めながら，ボールを検出し続けることができます．

ここで，配列について説明しておきましょう．プログラミングでは，**配列**は情報の集まりを表します．配列内の各データには，配列におけるそのデータの位置を表す**インデックス**が付与されます．配列は好きなだけ長くすることができ，人の名前や動物の種類から数字のリストまで，あらゆるものを格納できます．Python では，配列の最初のデータはインデックス 0，2 番目のデータはインデックス 1 というように，要素を 0 から数え始めます．つまり，Python のプログラムでは，例えば配列のインデックス 3 に格納されている情報を要求すると，4 番目の位置にあるデータが返されることになります．

さて，❸ では，HSV の 3 つの数字（色相，彩度，明度）を表現するために配列を使っています．実際には，色相は ±10 の範囲を与え，色の彩度と明度は 100 から 255 を許容しています．ロボットがカメラからの各フレームを解析し，ボールを特定する際は，この範囲の色を探します．

このプログラムの冒頭で NumPy ライブラリを取り込んだのは，これらの配列を利用するためです．NumPy は，高速な配列計算のために高度に最適化された機能を提供します．これにより，各フレームの各画素にアクセスして分析するのに必要な速度が得られます．

カメラフレームを解析する

プログラムの 3 つ目の部分をリスト 8.3 に示します．ここからが，コンピュータビジョンの処理を含むプログラムの最重要部分です．

リスト8.3 各フレームについて画像を変換し，輪郭を抽出する for ループ

```
❶for frame in camera.capture_continuous(rawCapture,
        format="bgr", use_video_port=True):
  ❷image = frame.array

  ❸hsv = cv2.cvtColor(image, cv2.COLOR_BGR2HSV)

  ❹color_mask = cv2.inRange(hsv, lower_color, upper_color)

  ❺image2, contours, hierarchy = cv2.findContours(color_mask,
        cv2.RETR_LIST, cv2.CHAIN_APPROX_SIMPLE)
```

❶ では，for ループを開始しています．これをわかりやすく翻訳すると，「カメラモジュールからの各フレームに対して，以下を実行する」となります．

ループでは，まず現在のフレームからの情報を配列として変数 image に格納します（❷）．次に，画像の RGB データを，OpenCV の cvtColor() 関数を使って HSV 形式（❸）に変換します．

HSV データが得られたら，目的の色だけを残すマスクを生成します（❹）．OpenCV の inRange() 関数を使って，先ほど定義した色の範囲にない色をすべてマスクします．

次の段階では，抽出されたそれぞれの物体に輪郭を描きます．これにより，それらの面積を比較できるようになります（❺）．OpenCV の findContours() 関数を使ってこれを行います．

輪郭の大きさによりボールを特定する

次にリスト 8.4 は，輪郭をそれぞれ比較して，最も面積が大きい物体を特定します．

リスト8.4 面積が最大の物体を探すプログラム

```
❶object_area = 0
 object_x = 0
 object_y = 0

❷for contour in contours:
    ❸x, y, width, height = cv2.boundingRect(contour)
    ❹found_area = width * height
    ❺center_x = x + (width / 2)
     center_y = y + (height / 2)
    ❻if object_area < found_area:
         object_area = found_area
         object_x = center_x
         object_y = center_y
❼if object_area > 0:
     ball_location = [object_area, object_x, object_y]
❽else:
     ball_location = None
```

最も大きい物体の面積と中心座標を格納する 3 つの変数を作成します（❶）．最初はこれらをゼロに設定します．

❷ で，検出されたすべての物体に対して繰り返す for ループを開始します．❸ は，輪郭の周りにそれを収容できる最小の長方形の箱を描きます．これは**バウンディングボックス**として知られており，物体を扱いやすくします．新たな 4 つの変数 x，y，width，height にこのバウンディングボックスの詳細を代入します．ご想像のとおり，width と height は長方形の幅と高さを表し，x と y は箱の左上の x 座標，y 座標を表しています．

次に，長方形の面積の公式，すなわち幅 × 高さを使って，この物体の面積の概算値を計算して格納します（❹）．そして，プログラムにこの特定の物体がフレームのどこにあるのかを知らせるために，バウンディングボックスの中心座標を算出します（❺）．中心座標を知ることは，その左上隅の位置を知ることよりもはるかに有用です．

❻ でこの物体の面積と，すでに見つかっている最大面積とを比較します．この物体のほうがこれまでの最大よりも大きい場合，より大きいこちらの物体が色付きのボールである可能性が高いと判断します．そこで，現時点の最大の物体の面積と中心座標を格納する変数に，この物体の値

を上書きします．

for ループ（❷）が終了し，抽出されているすべての物体の面積を比較したら，プログラムは if 文を使って最終的な最大面積が 0 より大きいかどうかを確認します（❼）．そうである場合，それが追いかけるべきボールであると見なし，その面積と中心座標をリスト（基本的な配列の一種）として変数 ball_location に格納します．そうでない場合，変数 ball_location は None に設定されます（❽）．

ロボットをボールに反応させる

リスト 8.5 は，プログラムの最後の部分です．ここでは，色付きのボールがフレームのどこで検出されたかに応じてロボットを動かす処理をします．

リスト8.5 ボールの位置に合わせてロボットを動かすプログラム

```
❶if ball_location:
    ❷if (ball_location[0] > minimum_area) and
          (ball_location[0] < maximum_area):
        ❸if ball_location[1] > (center_image_x +
              (image_width/3)):
              robot.right(turn_speed)
              print("右折します")
        ❹elif ball_location[1] < (center_image_x -
              (image_width/3)):
              robot.left(turn_speed)
              print("左折します")
        ❺else:
              robot.forward(forward_speed)
              print("前進します")
    ❻elif (ball_location[0] < minimum_area):
          robot.left(turn_speed)
          print("対象の大きさが足りないので探しています")
    ❼else:
          robot.stop()
          print("十分な大きさの対象が見つかったので停止します")
❽else:
      robot.left(turn_speed)
      print("対象が見つからないので探しています")
rawCapture.truncate(0)
```

コードのこの部分は if 文，elif 文，else 文が多く，階層も深いので，インデントに気をつけつつ，それぞれの行の意味を考えてください．

まず，最上位の if 文，else 文の構造を確認しましょう．❶ は，「もしボールが見つかっていれば，以下を実行する」という単純な if 文です．実行する処理については後述します．見つかっていなければ，❽ の else 文に飛んで，ボールを探すためにロボットに左折をさせ，そのことをメッセージに表示します．

次に，❶ が真だった場合，すなわち現在のフレーム内にボールが見つかっている場合について，まず上位の構造を確認しましょう．❷ の if 文は，ボールの大きさ（リスト ball_location のインデックス 0 に格納されています）が，プログラムの最初に定義した面積の範囲内かどうかを調べます．これが真だった場合の処理は後述します．❻ は，検出した物体が小さすぎた場合です．この場合，ボールを探すためにロボットに左折をさせ，そのことをメッセージに表示します．❼ は，検出した物体が大きすぎた場合です．この場合は，ロボットはすでに十分ボールに接近したと見なし，これ以上近づくことはせずに，ロボットを停止させ，そのことをメッセージに表示します．

最後に，ボールがフレームに存在し，かつその面積が定義した範囲にある場合の処理を確認しましょう．この場合，ロボットはボールに接近する動作をとる必要があり，これを ❸～❺ で扱います．このとき，フレームの中心座標から左右 3 分の 1 ずつの範囲にボールがあればロボットを前進させ，それ以外，すなわちフレーム両端の 6 分の 1 ずつの範囲なら，右折または左折させます．このフレームの分割については，以下でコードを説明した後に，あらためて説明します．

❸ の if 文は，フレーム内のボールの x 座標が上記の前進範囲の右端 x 座標より大きい場合です．このとき，ボールはフレームの右側にあるはずなので，ロボットを右折させます．

❹ は，フレーム内のボールの x 座標が前進範囲の左端 x 座標より小さい場合です．このときはロボットを左折させます．

最後に，❺ はそれ以外の場合で，ロボットを前進させます．

ここで，フレームの分割について説明します．図 8.26 に示すように，カメラフレームは左，右，前の 3 つの領域に分割されます．中心点から左右にそれぞれ，フレーム全体の幅の 3 分の 1 進んだところまでを，前進範囲とします．つまり，各フレームの中央の 3 分の 2 を前進範囲が占めます．もしボールがここで見つかれば，ロボットは前進します．もしボールがこの範囲の外側で見つかれば，ロボットは左もしくは右に旋回します．左と右の部分はそれぞれ各フレームの 6 分の 1 になります．

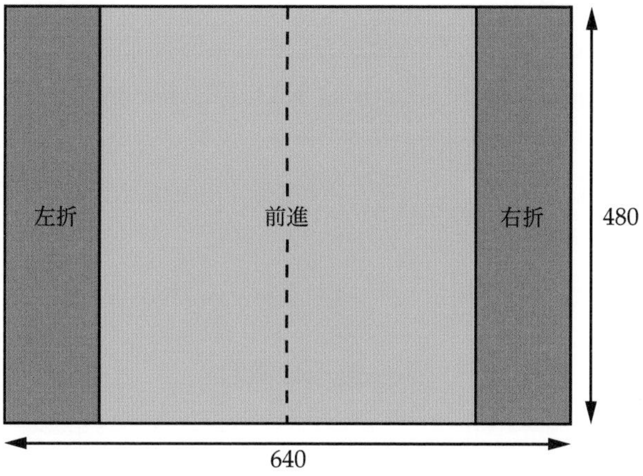

図 8.26 移動方法ごとに 3 つの領域に分けたフレーム

これがボール追跡プログラムのすべてです！ 最初はコードが複雑に見えたかもしれませんが，コンピュータサイエンスでよくあるように，コードをブロックごとに注意深く見れば，比較的単純な処理を積み重ねてできていることがわかります．

プログラムの実行：ロボットが色付きのボールを追いかける！

いよいよプロジェクトの醍醐味を味わうところまで来ました！ 実際に色付きボールをロボットに追いかけさせましょう．電池でロボットに電源を供給し，図 8.27 に示すように，床にロボットと色付きボールを置きます．

図 8.27 黄色のボールを追い始めるロボット！

すべての設定が完了したら，次のコマンドでプログラムを実行します．

```
pi@raspberrypi:~/robot $ python3 ball_follower.py
```

ロボットが起動して，色付きボールを探し始めます．新しい賢いペットとフェッチをして遊びましょう！

【訳注】フェッチ (fetch) とは，棒やボールなどを動物から適度に離れたところに投げ，動物がそれを取ってくる遊びのこと．物を投げるときにフェッチと叫ぶところから来ています．

いつものように，プログラムを止めるには CTRL+C を押します．

画像処理の実験

前章の線追従プロジェクトと同様に，コンピュータビジョンや画像処理は，結果や能力を向上するために役立つコンピュータサイエンスおよびロボティクスの分野です．いくつか提案するので，遊んでみてください．

色と物体

色付きボールはロボットの開始地点としては最適ですが，さらにその先を目指すこともできます．2 つ目の色を導入して，各フレームで検知する HSV 値を 2 つにするのはどうでしょうか？ 例えば，ロボットに黄と赤の両方のボールを追いかけさせます．新しい色の色相値を調べる際は，また HSV テストプログラムをお使いください！

もちろん物体はボールだけに限定されません．大部分が同一色の，細かすぎない物体なら何でも追いかけたり，探したりすることができます．身近にある他の物体で実験してみましょう！

速度

ロボットがどれくらいの速さで動くかは，画像処理の質に大きく影響します．通常，速く動けば動くほど，色付きボールを見失いやすくなります．ボール追跡プログラムの冒頭部分で定義した速度の値を調整すると，ロボットの性能を改善できるかもしれません！

画像上の物体の面積の範囲

追いかける対象とする物体（輪郭）の面積を変えて実験してみましょう．初期値では，ロボットは 250 平方画素より小さいものしかないと，他を探しに行きますし，100,000 平方画素より大きいときは，すでに十分接近したと見なして止まります．

これらの数値を変更することで，より小さい物体や，より遠くにある物体を追いかけさせることや，対象のより近くまで接近させることができます．対象物は色付きボールのままで，最大領域を大きくするのも面白いアイデアです．その結果，ロボットはボールにぶつかって「蹴って」しまいます．すると，どうなるでしょうか？ ロボットは再びボールを追いかけ，同じことを繰り返します！

これらの実験を行う際は，カメラモジュールからの動画フィードの各フレームは 640×480 に設定しているので，307,200 が最大の平方画素であることを思い出してください．

回避行動

今のところ，ロボットは対象の物体を好んでいますが，それを逆にしたらどうでしょうか？ ロボットが物体に向かうのではなく，離れるように，プログラムを編集してみてください．

その延長線上に，特定の色に向かい，他の特定の色から離れるという挙動も考えられます．例えば，赤色のボールが好きで，黄色のボールには脅えるロボットです！

まとめ

本章では，色付きのボールを認識し，追いかけるという高度な機能をロボットに与えました．そのために，画像処理の基礎を学び，公式 Raspberry Pi カメラモジュールを使い，Python でコンピュータビジョンの処理全体を実装しました．

これで本書のすべてのプロジェクトが完了しました！ あなたの小さなロボットは成長し，あなたはそのロボットの誇らしい親となりました．もちろん，これで終わりではありません．ロボット工学，電子工学，プログラミング，そして Raspberry Pi の冒険を続けるための手引きや提案が，続く「次のステップ」にあります！

次のステップ

本書のすべてのプロジェクトを経験したら，いよいよ自由な世界に飛び出して，自分だけのロボットをつくり，新たな Raspberry Pi プロジェクトに挑戦しましょう！ 本書を通じて，あなたが将来のコンピュータサイエンスの冒険に必要な技能を学び，身につけたことを願っています．

しかし，あなたは一人ぼっちでないことを知ってください！ オンラインでもオフラインでも，次の段階に進むために役に立つ資料が数えきれないほどあります．ここでは，そのいくつかを紹介します．

Raspberry Pi Guy

私は人気のある Raspberry Pi の YouTube チャンネル Raspberry Pi Guy を運営しており，そこで無料のチュートリアルや教育用動画を提供しています．基礎的なロボット工学から電動スケートボードの DIY まで，あらゆる種類の Raspberry Pi 関連テーマを取り扱う動画が，簡単に見つけられるでしょう（図 A.1 参照）．

図 A.1 Raspberry Pi Guy の YouTube チャンネル

以下のリンクから見られます．もし気に入ったら，ぜひチャンネル登録してください．

- The Raspberry Pi Guy YouTube チャンネル
  https://www.youtube.com/TheRaspberryPiGuy/
- The Raspberry Pi Guy ウェブサイト
  https://www.theraspberrypiguy.com/

お気軽に連絡を！

もしあなたが本書を楽しんで，連絡したいとか，進捗を共有したいと思ったら，Twitter でぜひ聞かせてください．私の Twitter アカウント `@RaspberryPiGuy1` をフォローして，私宛てにツイートしてください．ハッシュタグ `#raspirobots` をつけてツイートしてくれたら，ツイートを見つけてリプライします．

他のウェブサイト

Raspberry Pi やロボット工学の分野には，どちらも大規模でオープンなオンラインコミュニティがあります．これらはあなたを熱烈に歓迎してくれ，コミュニティから知識を得たり，コミュニティに貢献したりすることができます．ここでは，あなたが学んだり，ひらめきを得られたりするウェブサイトを紹介します．

公式 Raspberry Pi 財団ウェブサイト　https://www.raspberrypi.org/

本書の冒頭で，Raspberry Pi のオペレーティングシステムをダウンロードするのに使用したサイトです．財団のウェブサイトには，あらゆるレベルに対応した教育用資料やプロジェクトが，豊富に用意されています．Raspberry Pi フォーラムもあり，アカウントを登録すると，同じような興味，課題，疑問を持つ人たちと交流することができます．今後のプロジェクトで行き詰まったときに，助けを求めるのに最適な場所です．自動化，センシング，ロボット工学の専門セクションもあります！ このサイトには，コミュニティの最新情報を特集した，定期的に更新されるブログもあります．

Adafruit 学習システム　https://learn.adafruit.com/

Adafruit 社の電子工学コミュニティから，資料やオンライン授業を集めたサイトです．ここでは，オープンソースのコードとヘルプがついた，多種多様なハードウェア・ソフトウェアの詳細なチュートリアルを見つけることができます．次のプロジェクトのためにひらめきが必要になったら，ここに行くとよいでしょう！

公式 Python ウェブサイト　https://www.python.org/

本書はコーディングや Python プログラミング言語の入門書としても優れていますが，プログラミングスキルをさらに磨きたい方は，公式 Python ウェブサイトに目を通してみてください．おそらく期待するすべての文書や手引きが見つかるはずです！ さらに進んで，C++ や Java など他のプログラミング言語を探るのもよいでしょう．その場合は，Google でチュートリアルを検索してみましょう．無数にヒットします！

New Atlas 社のロボット工学ニュース　https://newatlas.com/robotics/

ロボット工学やその最新情報に興味があるなら，テクノロジー関連のオンラインニュースを発行している New Atlas 社のロボット工学欄をチェックしましょう．貴重な内容が豊富で，きっとあなたもロボット工学分野をさらに発展させるべく，素晴らしい何かをつくろう！と奮い立つことでしょう．

同好会・イベント

ロボット工学，電子工学，Raspberry Pi について学ぶのに，オンラインでできることはたくさんありますが，顔を合わせて行う同好会やイベント，ミートアップに勝るものはありません．幸いなことに，コンピュータサイエンスの世界では，これらの機会がたくさんあります．以下にいくつか紹介しますが，地域によって参加できるものが異なりますので，地元で何が行われているか調べてみてください！

【訳注】 日本国内では，Japanese Raspberry Pi Users Group [15] などが活動しています．

Raspberry ジャム　https://www.raspberrypi.org/jam/

Raspberry ジャムはあらゆる年齢層の人々が，Raspberry Pi ベースのプロジェクトについて語り，学び，共有するために，各地でそれぞれ独立して運営されるコミュニティイベントです．ジャムは世界中のあらゆる場所で開催され，さまざまな人々によって運営されています．Raspberry ジャムでは，初心者向けのワークショップ，発表会，コミュニティメンバーによる講演がたびたび行われます．これらのイベントには，初心者から専門家まで，さまざまな経歴や能力を持つ人たちが参加しています．近くのジャムを見つけるには，ウェブサイトの「Find a Raspberry Jam Near You」（近くのジャムを見つける）ツールを使います．もしあなたがイギリスのケンブリッジやエジンバラで開催されるジャムやイベントに来られるなら，私を見かけることもあると思います．ぜひ声をかけてください！

【訳注】 2021 年 10 月現在，コロナ禍のためにウェブサイトでジャムは公開されていません．

Pi Wars　https://piwars.org/

Pi Wars は Raspberry Pi で制御するロボットを使って課題に挑戦する素晴らしいロボットコンテストです．プロ・アマを問わず，チームでロボットを製作し，障害物コース，スピードテスト，迷路の攻略のような課題で，相手を壊したりせずに競い合います．通常はイギリスのケンブリッジで週末に開催されます．イベントには，競技者としても観客としても参加することができます．詳細はウェブサイトを参照してください．

Code Club　https://www.codeclubworld.org/

Coder Dojo　https://coderdojo.com/

プログラマやコンピュータ関連の人々が集まり，若者たちがプログラミングを学び，コンピュータサイエンスの技能を身につけることを支援します．近くにあるかどうかは，各サイトのツールを使って調べることができます．

書籍・出版物

本書からコンピュータサイエンスや Raspberry Pi について楽しく学べたなら，他の書籍や出版物でこの旅を続けたいと思うかもしれません．ここでいくつかお勧めしておきます．

- *Python Crash Course*（Eric Matthes 著, No Starch Press, 2015）
  【邦訳】『最短距離でゼロからしっかり学ぶ Python 入門 必修編/実践編』（鈴木たかのり，安田善一郎 訳，技術評論社，2020，https://gihyo.jp/book/2020/978-4-297-11570-8, https://gihyo.jp/book/2020/978-4-297-11572-2）
- *20 Easy Raspberry Pi Projects*（Rui Santos, Sara Santos 著, No Starch Press, 2018, https://nostarch.com/RaspberryPiProject）
- *Raspberry Pi User Guide, 4th Edition*（Eben Upton, Gareth Halfacree 著, Wiley, 2016, https://www.wiley.com/en-us/Raspberry+Pi+User+Guide%2C+4th+Edition-p-9781119264361）
  【邦訳】『Raspberry Pi ユーザーガイド第 2 版』（クイープ 訳，インプレス，2013，https://book.impress.co.jp/books/3374）
- *The MagPi*（https://www.raspberrypi.org/magpi/）
  Raspberry Pi 財団が出版する無料で読める月刊 Raspberry Pi マガジン．プロジェクト，コーディング，その他の記事が掲載されています．

Raspberry PiのGPIOピン配置図

Raspberry Pi の GPIO ピンの物理番号と BCM 番号を図示します．図の表記法などについては，次ページをご覧ください．

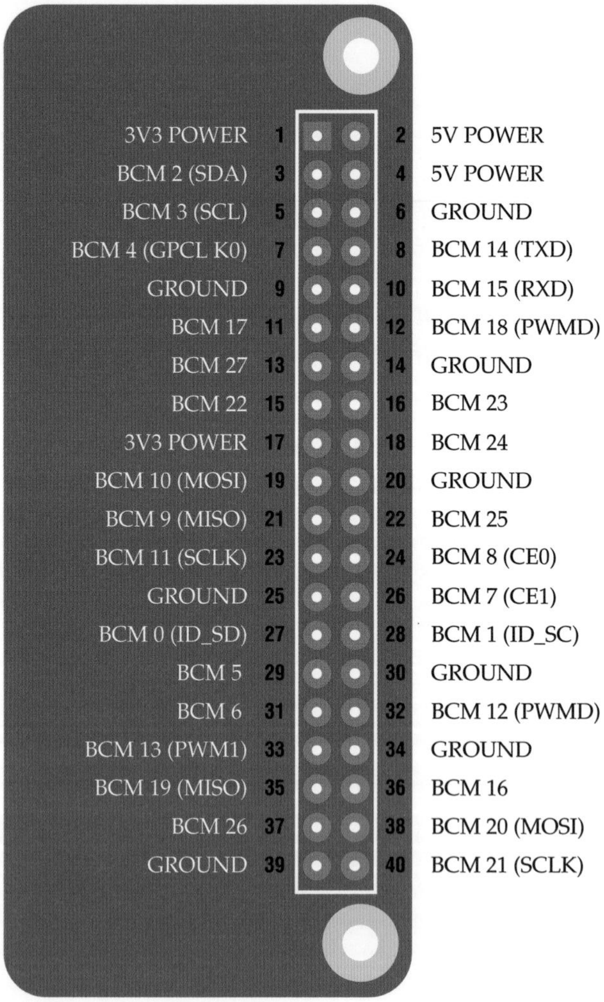

図 B.1 Raspberry Piの GPIO ピン

物理番号は，単純にピンの物理的な位置に対応する 1 から 40 までの数字です．各ピンの BCM 番号（例えば，BCM 25）はブロードコムピン番号，もしくは GPIO 番号と呼ばれます．これらは Pi のプロセッサが内部で使用する番号であり，GPIO Zero ライブラリや他のプログラミングライブラリの中では，通常それらを使用する必要があります．

ピンによっては別の機能を持つものがあり，それをかっこ内に示しています．それらについてもっと詳しく知りたい場合は，Raspberry Pi のウェブサイト（https://www.raspberrypi.org/documentation/usage/gpio/）にある公式文書を参照してください．

抵抗値の計算方法

抵抗器は，電気回路に抵抗を加えることで回路を流れる電流の量を減らすために，特別に設計された部品です．本書の中では，分圧器回路の作成に用いたほか，抵抗器を内蔵したLEDを利用しました．

抵抗器の正確な抵抗値は，オーム（Ω）で測定されます．抵抗器の値がわからない場合は，色帯で判断できます．以下の表は，それぞれの色がどの値に対応しているかを表しています．

メモ：
私は色覚に問題があるため，色帯で抵抗値を判断することはほぼできません．そのような方には，抵抗器を整理してラベルを貼った袋に入れておくことをお勧めします．また，値のわからない抵抗器に当たったら，マルチメーターの抵抗器設定を使うと役に立ちます．マルチメーターの2本のプローブを抵抗器の両端に接続するだけで，正確な抵抗値が表示されます．

色	1番目の色帯	2番目の色帯	3番目の色帯	乗数	許容値
黒	0	0	0	1Ω	
茶	1	1	1	10Ω	±1%
赤	2	2	2	100Ω	±2%
橙	3	3	3	1kΩ	
黄	4	4	4	10kΩ	
緑	5	5	5	100kΩ	±0.5%
青	6	6	6	1MΩ	±0.25%
紫	7	7	7	10MΩ	±0.10%
灰	8	8	8		±0.05%
白	9	9	9		
金				0.1Ω	±5%
銀				0.01Ω	±10%

標準的な抵抗器には，4つの色帯があります．最初の2本の帯は，抵抗値の最初の2桁を表します．3番目の帯は，最初の2桁のあとに続くゼロの個数，つまり桁数です．4番目の帯は抵抗の許容値です．専門的で精密な作業をしない限り，最後の帯は気にする必要はありません．

例として，図 C.1 に示す抵抗器の値を計算してみましょう．

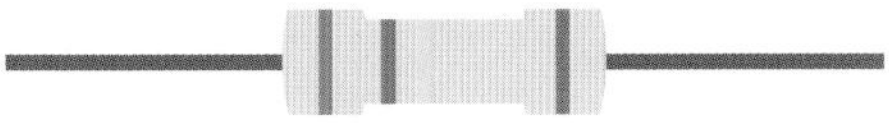

図 C.1 抵抗器の 4 本の帯

1 番目の帯は緑なので，その値は 5 です．2 番目の帯は青なので，その値は 6 です．3 番目の帯は黄なので，ゼロは 4 つです．4 番目の帯は金なので，許容値は ±5% です．したがって，この抵抗器の抵抗値は $56 \times 10,000 = 560,000\Omega$，つまり 560 kΩ です．

これで，抵抗器の色帯から抵抗値を計算することができました！

はんだ付け

はんだ付けは，電子部品を永久に融合させる作業です．はんだと呼ばれる溶加材の合金を，2 つ以上の端子やワイヤーの間で溶かします（図 D.1 を参照）．

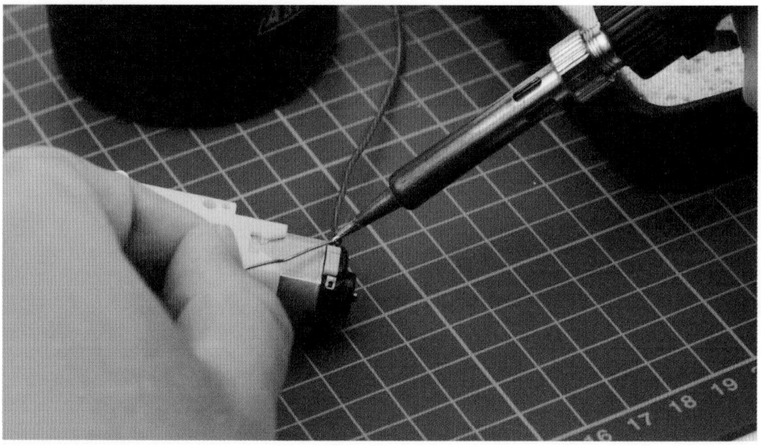

図 D.1 ロボット製作ではおなじみの，モーター端子とワイヤーのはんだ付け

この作業は物理的に部品を接合するだけではなく，電気的にも接合します．ブレッドボードに差して繋ぐのとは違い，はんだ付けは永久的なものです．Raspberry Pi やロボットの冒険には，必ずはんだ付けが必要な電子部品が出てくるので，はんだ付けは身につけるべき重要なスキルです．

必要なもの

部品をはんだ付けするには，以下の工具と材料が必要です．

- はんだごて
- はんだ
- こて台とこて先クリーナー

これらは，いつものオンラインショップや地元の工具店で入手できます．それぞれのパーツを詳しく見ていきましょう．

はんだ

最初に必要なのは，部品を繋いで接合部をつくる溶加材です．図 D.2 に示すはんだは，比較的融点の低い金属合金で，通常は 180°C から 200°C で融解します．

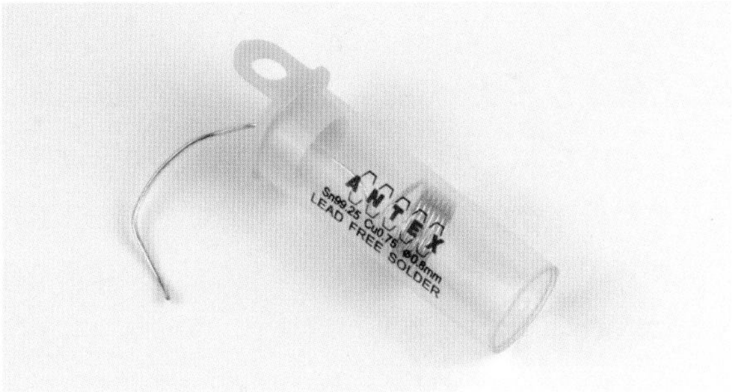

図 D.2 鉛フリーはんだ

かつて，融点が低く電気特性に優れていたため，はんだには鉛が使用されていました．しかし，鉛は重金属であり，人体に有害であることがわかり，錫《すず》と銅を主原料とした鉛フリー（無鉛）はんだが現在の業界標準になっており，この種類のはんだの購入をお勧めします．オンラインで購入する場合は，「鉛フリーはんだ」で検索してください．直径が 0.5 mm から 0.8 mm のワイヤー状のものが，一般的です．

はんだごて

はんだごては，はんだを融点まで加熱する工具です．図 D.3 は，私が信頼して愛用している Tenma のはんだごてです．

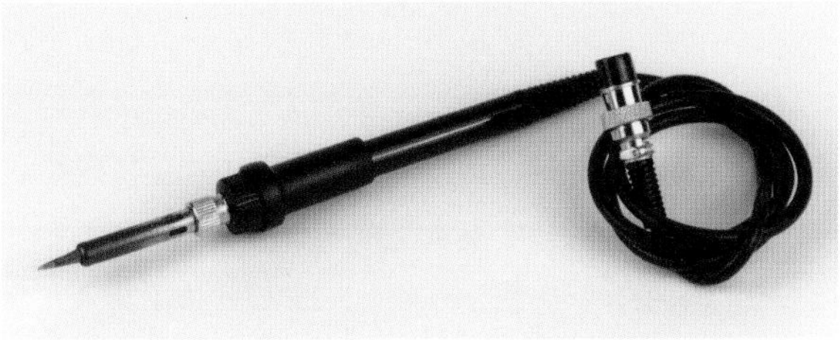

図 D.3 私の愛用のはんだごて

はんだごては，幅広い価格帯で入手できます．一般的に，安いものは 10 ドルからあり，高いものになると 100 ドル以上になります！ 初心者のうちは，プロレベルの機能を持つ高価なものは避け，熟達したら再検討してください．今必要なのは，確実に動作し，ストレスを感じさせない，相応のはんだごてです．

【訳注】XS25 は [16] を参照．日本では，白光の FX-650 や大洋電機の PX-335 が数千円内で購入できます．

入門用のはんだごてとして一般的なのは，Antex 社の XS25 で，30 ドル程度で購入できます．XS25 は発熱が速く，かつ温度が安定し，長年にわたって使用できる品質の高い工具です．

電子機器のはんだ付けは繊細な作業なので，こて先が細いはんだごてを使うべきです．ほとんどのはんだごてに付属しているこて先は脱着可能で，XS25 のように簡単に交換できるものもあります．

【訳注】日本では，白光の FX-600/601 や大洋電機の PX-201 が 5 千円程度で購入でき，似たような品質が得られます．

図 D.3 に示したように，私は 60 ドル程度で購入できる Tenma の 60 W 温度調整機能付きはんだごてを使っています．

こて台とこて先クリーナー

はんだごては 200°C 以上の高温になるので，柄の部分以外は触れないようにすることが重要です．そこで，はんだごてを置く台を入手することをお勧めします（図 D.4）．こて台は，はんだ付けの作業の合間にはんだごてを安全に収納し保持するための道具で，うっかり電子機器や机を焦がしてしまう事故を防げます！

図 D.4 クリーナー付きのこて台

こて台には，こて先を掃除するこて先クリーナーが，たいていついています．こて先クリーナーは，はんだ付け作業中にこて先をきれいにして，できるだけ作業を継続できるようにするために使います．図 D.4 のように，湿らせたスポンジを使うものと，図 D.5 に示すような，削った真鍮を入れた研磨ポットの 2 種類があります．よりきれいになる後者を使うことをお勧めします．

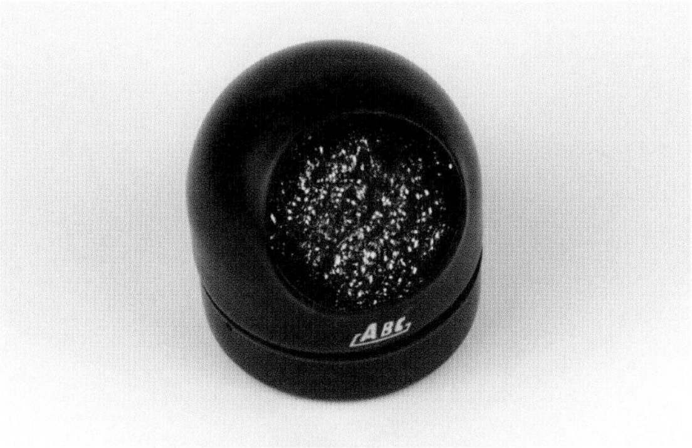

図 D.5 真鍮のこて先クリーナー

あると便利なもの

これまでに取り上げた工具や材料は，はんだ付けに基本的に必要なものですが，それ以外に，作業を楽にする道具があります！

例えば，接合部からはんだを取り除きたいときは，以下に示す**はんだ吸い取り線**（**ウィック**（wick）とも呼ばれます）や，**はんだ吸い取り器**を使えば楽です．ここでは吸い取り方の説明はしないので，興味がある方はオンラインで検索してください．

はんだの流れが悪くて困っているなら，**液体フラックスペン**が役に立ちます．液体フラックスと呼ばれる特殊な溶液を塗布することで，はんだごてがはんだを接合部に付着させるのを助けます．

はんだ付けする間に電子部品の位置決めや保持が難しいことがあるかもしれません．そんなときは，以下に示す Helping Hands セットが便利です．

【訳注】日本では，ツールクリッパーやハンズフリーツールという名前で売られています．

はんだ付けしなければならない部品は非常に小さいことが多いので，目が良くない方は苦労する場合があります．そのような方たちには，拡大鏡が必須の道具の 1 つになるでしょう．上の写真のように，拡大鏡付きの Helping Hands もよく見かけます．

部品をはんだ付けする

2 つの部品をはんだ付けする手順を，一通り確認しましょう．ここでは，モーター端子へのワイヤーのはんだ付けを実演します．第 3 章でロボットの部品を配線する前に，これを行う必要があります．

はんだ付けの準備

はんだごての電源を入れる前に，まず場所を用意します．はんだ付けをする場所に必要な条件は以下のとおりです．

- **風通しの良い場所：** はんだ付けで出る煙を吸わないように，風通しの良い場所を選びます．
- **適切な作業台：** はんだごては非常に高温になるので，作業場所には，耐熱性のある作業台を置くか，廃材を敷くようにしてください．厚紙，カッティングマット，もしくは古い木材があれば十分です．
- **目の保護：** 作業中にはんだやフラックスの小さい粒が飛び散ることがあります．目を守るために，安全メガネやゴーグルを着用することをお勧めします．

準備ができたら，はんだごてをこて台にセットして，コンセントに差し，はんだごてが温まるのを待ちます．高価なものであれば数秒，Antex 社の XS25 のように初心者向けモデルであれば数分で温まります．一番重要なのは，はんだごてがコンセントに差し込まれている間，こて先を触らないことです．また，コンセントから抜いても，冷えるまでに時間がかかるので注意してください！

コンセントに差したはんだごてを放置しないでください．やむを得ず部屋を出る場合は，プラグを抜いて，安全な温度に冷めるのを待ってください．

こて先を錫メッキする

接合部をはんだ付けする前に，必ずはんだごてのこて先に**錫メッキ**を施します．錫メッキとは，はんだごてのこて先をはんだで被膜する作業のことです．これにより，実際のはんだ付けではんだが適切に流れやすくなり，作業が容易になります．

まず，はんだごてが温まったら，湿らせたスポンジでこて先を磨いたり，削った真鍮が入ったポットに差し込んだりして，こて先をきれいにします．

次に，はんだをほぐし，温まったはんだごてのこて先にはんだを当てて溶かします．こて先の1/4をはんだで覆います．こて先クリーナーを使って，余分なはんだを落とし，図D.6のように，こて先がはんだで覆われてぴかぴかになるまでこの作業を繰り返します．

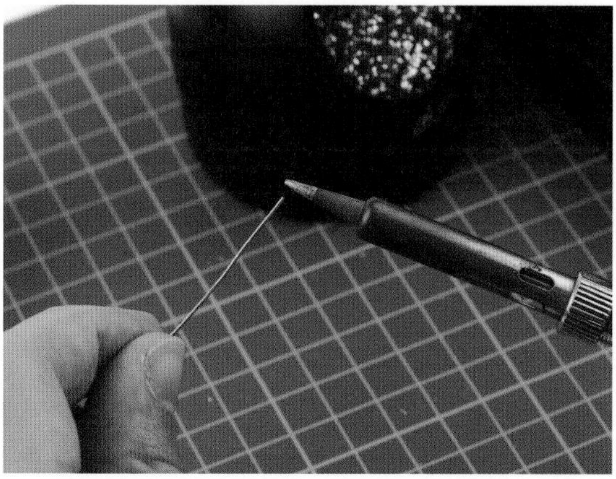

図 D.6 こて先の錫メッキ処理

多くの部品をはんだ付けする場合は，こて先に光沢がなくなってきたら，再度錫メッキする必要があります．

部品の準備

はんだ付けする部品をまず準備することは，常に重要です．作業台に部品を，はんだ付けする向きに合わせて置きます．

はんだ付けに進む前に，ワイヤーの端の被膜を剥きます．ワイヤーのプラスチックの被膜を6〜7mmほど剥いて，金属の芯を露出させます．

このためには，**ワイヤーストリッパー**を使う必要があります．モーター端子にワイヤーをはんだ付けするためには，図 D.7 のように，端子にワイヤーを通す必要があります．

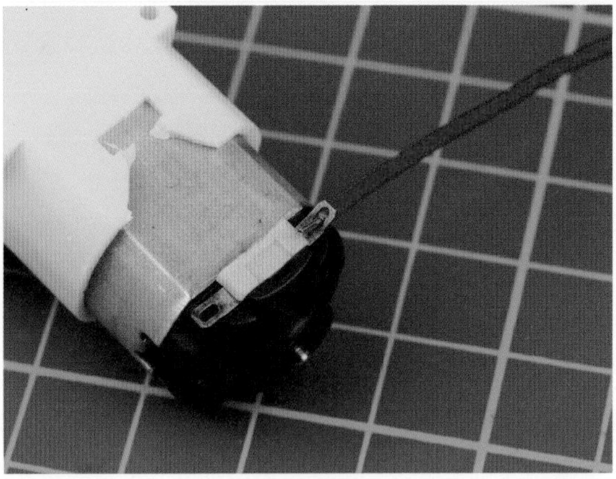

図 D.7 はんだ付けする用意ができたモーターの端子とワイヤー

部品によっては，先に述べた Helping Hands を使って，固定するとよいでしょう．

完璧な接合部のはんだ付け

さて，準備が整ったところで，いよいよはんだ付けです！ はんだを約 15 cm 抜き出し，はんだごての柄の部分を持ちます．ペンや鉛筆を持つように，利き手で持ってください．反対の手ははんだ線を，やけどをしないように，先端から少なくとも 5 cm 離して持ってください．

上手にはんだ付けするコツは，はんだごてを直接はんだに当てずに部品の上ではんだを溶かすことです．つまり，はんだ付けする部品にはんだごてを 2 秒から 3 秒当てて，部品自体を温め，そこに直接はんだを当てます．

はんだは部品の最も熱い部分に向かって流れるので，はんだ付けする部品を予熱しておかないと，はんだがはんだごてに行ってしまい，汚ない玉をつくってしまいます．そのような場合は，はんだごてをきれいにしてから作業をやり直してください．

図 D.8 完璧なはんだ付け．接合部の光沢と円錐形に注目！

図 D.8 のような完璧なはんだ付けをするためには，以下の手順に従います．

1. 錫メッキしたこて先をはんだ付けしたい部品に当て，2 秒から 3 秒保持します．
2. はんだごてを部品に当てたまま，接合部にはんだの先を接触させます．はんだが溶けて接合部に流れ込みます．
3. 接合部全体が埋まるほどはんだを十分に溶かしたら，はんだを離し，さらに 1 秒ほどはんだごてを当てておきます．これにより，はんだが流れて定着します．
4. 接合部からはんだごてを外し，こて先の余分なはんだをきれいにして，はんだごてをこて台に戻します．

完璧にできたはんだ接合部は，滑らかで光沢があり，小さな火山のような円錐形になっているはずです．モーター端子にワイヤーをつけるのと，例えばプリント基板にピンをはんだ付けするのとは少し違います．図 D.9 を見て，基板のはんだ付けを完璧に行う方法を考えてください．

警告：
はんだ付けしたばかりの部品はとても熱くなっているので，触らないでください！

図 D.9 Raspberry Piの基板のはんだ接合部．これらは機械ではんだ付けされていますが，それでも良い勉強になります．

実際の作業ではんだ付けに失敗しても，あわてないでください！ こて先を接合部に当て直して再加熱します．はんだが流れて安定した良い状態になれば，補修は完了です．良くならない場合は，さらにはんだを追加して，接合部を整えます．

図 D.10 に，よくあるはんだ付けの失敗とその解決策を示します．

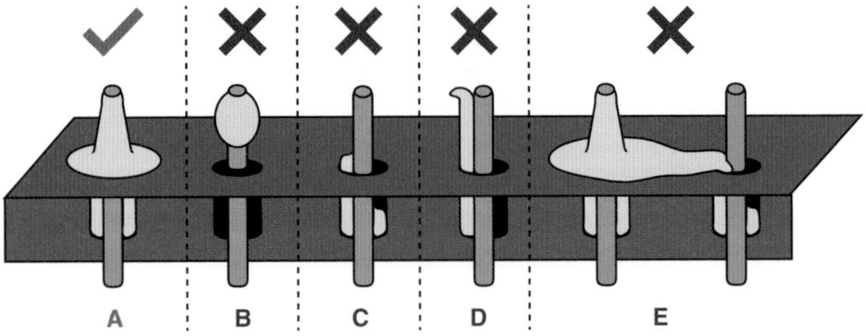

図 D.10 一般的なはんだ付けの失敗例と解決策

A はんだが接合部まで流れ込み，火山のような形の滑らかな円錐形になっています．

B 失敗例：接合部にはんだが流れ込まず，パッドに到達せずにピンの上でボール状になっています．

解決策：こてを使って，はんだ，ピン，パッドを再加熱します．必要に応じてはんだを追加します．

C 失敗例：はんだの量が不足していて，接合が弱くなっています．

解決策：接合部を再加熱し，A に示した火山のような円錐形になるまで，はんだを足します．

D 失敗例：接合が不十分です．

解決策：再加熱してはんだを追加します．こてを接合部の周りで動かし，すべての部品を熱して，適切な流れを確保します．

E 失敗例：はんだの量が多すぎて，2 つのピンを誤って接続するジャンパになっています．

解決策：はんだ吸い取り器など，はんだを取る方法を使います．

まとめ

上達するには練習が必要ですが，はんだ付けは重要なスキルです！ ここに記した手順のほか，オンラインでデモンストレーション動画を見て，技術を磨いてください．

起動時にプログラムを実行する

本書を通して，ターミナルに短いコマンドを入力してロボットのプログラムを実行してきました．これはプロトタイピングとして最適でしたが，将来的に電源を入れたらすぐにロボットがプログラムを実行するようにしたくなるかもしれません．これは，設定ファイル rc.local を編集することで，簡単にできます．

Raspberry Pi の電源を入れると，起動処理が始まります．起動処理が終了すると，Pi は rc.local ファイルを参照して，今から実行すべきコマンドやコードを探します．ここにあなたの Python コマンドを追加することによって，任意のプログラムを起動時に実行することができます．以下の説明に従って試してください！

rc.local ファイルを編集する

まず，起動時に実行させたいプログラムを完成させ，計画したとおりに動作することを確認します．もちろんこの段階は，プログラミング，編集，デバッグの処理をターミナル経由で繰り返します．開発段階から以下の設定をしてしまうと，Pi の電源をひっきりなしにオン・オフすることになります．

プログラムの開発が済んだら，ターミナルから，次のように Nano テキストエディタで rc.local を開きます．ターミナルは，どのディレクトリにいても構いません．

```
pi@raspberrypi:~ $ sudo nano /etc/rc.local
```

最初に sudo を入れてください．このコマンドを使うと，ルートユーザー権限でファイルを編集し，保存することができます．sudo がないと，変更を保存できません．

リスト E.1 のような内容が表示されます．

リストE.1 rc.local ファイルの中身

```
#!/bin/sh -e
#
# rc.local
#
# This script is executed at the end of each multiuser
# runlevel. Make sure that the script will "exit 0" on
# success or any other value on error.
#
# In order to enable or disable this script just change the
# execution bits.
#
# By default this script does nothing.

# Print the IP address
_IP=$(hostname -I) || true
if [ "$_IP" ]; then
  printf "My IP address is %s\n" "$_IP"
fi
❶
exit 0
```

矢印キーを使って **fi** と **exit 0** との間の空行（❶）に移動します．ここに Raspberry Pi の起動時に実行したい任意のコマンドを追加することができます．何を追加しても構いませんが，ファイルの一番下にある **exit 0** は編集せずに残しておかなければなりません．

起動時に Python 3 のプログラムを実行したい場合は，❶ に次の行を追加します．

```
python3 /your/file/path/here/filename.py &
```

ファイルパスを，正しいディレクトリとプログラムを指定する正しいパスに置き換えます．また，プログラムが Raspberry Pi の起動処理を止めないように，コマンドの最後にアンパサンド記号（&）を追加することを忘れないでください．

タイプミスなどがないことを確認したら，作業を保存し，CTRL+X を押して Nano テキストエディタを終了します．

実践例

ロボットの電源を入れたときに第8章の ball_follower.py プログラムを実行したいとしましょう．そうするには，Raspberry Pi で rc.local ファイルを開き，exit 0 の行の前に次の行を入れます．

```
python3 /home/pi/robot/ball_follower.py &
```

すると，ファイルの最後の部分は次のようになります．

```
--省略--
# Print the IP address
_IP=$(hostname -I) || true
if [ "$_IP" ]; then
  printf "My IP address is %s\n" "$_IP"
fi

python3 /home/pi/robot/ball_follower.py &

exit 0
```

動作するか試してみましょう．ファイルを保存し，次のコマンドで Raspberry Pi を再起動します．

```
pi@raspberrypi:~ $ sudo reboot
```

ファイルの編集が正しければ，起動後直ちに ball_follower.py のコードを実行します．失敗した場合は，Pi に SSH でリモートアクセスし，rc.local ファイルを再度開きます．ファイルパスが適切な絶対パスであること，タイプミスがないことを確認してください．

起動時にプログラムを実行させる設定は，たったこれだけです！

訳者あとがき

本書は, 2019 年に No Starch Press 社から刊行された, Matt Timmons-Brown による *Learn Robotics with Raspberry Pi: Build and code your own moving, sensing, thinking robots* の翻訳です.

本書は，Raspberry Pi を買ってはみたものの，どうやって活用していいかがわからない人たちに，Hello, world! から一歩進み，自作ロボットを通じてハードウェアやソフトウェアに親しんでもらえることを期待して翻訳しました.

訳者は 2018 年に共立出版から『Raspberry Pi でスーパーコンピュータをつくろう！』を翻訳出版しており，それに続く Raspberry Pi の活用本ということで，書名を『Raspberry Pi でロボットをつくろう！』にしました.

本書をきっかけに，楽しい Raspberry Pi ロボットをつくって，SNS などで公開してくださる読者が出てくることを楽しみにしています.

読者のみなさんがロボットを自作する際，部品の調達で役立つオンラインショップとして，以下があります.

- スイッチサイエンス：https://www.switch-science.com/
- KSY：https://raspberry-pi.ksyic.com/
- マルツオンライン：https://www.marutsu.co.jp/

また，本書を翻訳する際に訳者がオンラインショップで揃えた部品（もともと持っていたものも含みます）を次ページに挙げていますので，参考にしてください. 価格はすべて購入当時の税込み価格です.

訳者の部品一覧

部品/購入先	単価	数量	金額
Raspberry Pi 3 Model B+ スターターキット https://ssci.to/3880	10,725 円	1	10,725 円
公式 Raspberry Pi カメラモジュール https://ssci.to/2713	4,766 円	1	4,766 円
Raspberry Pi オフィシャルマウス https://ssci.to/6426	1,144 円	1	1,144 円
Raspberry Pi オフィシャルキーボード https://ssci.to/6425	2,409 円	1	2,409 円
400 穴ブレッドボード https://ssci.to/313	275 円	1	275 円
抵抗コンデンサ LED 詰め合わせパック https://ssci.to/1218	627 円	1	627 円
ジャンパワイヤー オス-メス https://ssci.to/209 メス-メス https://ssci.to/56 オス-オス https://ssci.to/57	454 円	3×2	2,724 円
モーメンタリ式押しボタン https://ssci.to/38	40 円	1	40 円
電池ホルダー（単三 ×6） https://www.marutsu.co.jp/pc/i/65884/	110 円	1	110 円
降圧コンバータ（LM2596） https://www.marutsu.co.jp/pc/i/25649540/	851 円	1	851 円
モーターコントローラチップ（L293D） https://www.marutsu.co.jp/pc/i/13014388/	895 円	1	895 円
JetBot Chassis Kit V2 https://ssci.to/6944	2,093 円	1	2,093 円
Wii リモコン（中古） https://item.rakuten.co.jp/iimoreuse/169/	980 円	1	980 円
超音波距離センサー（HC-SR04） https://ssci.to/6080	454 円	1	454 円
抵抗キット 1/4W（20 種計 500 本入り） https://ssci.to/1084	1,073 円	1	1,073 円
NeoPixel Stick 本体 https://www.marutsu.co.jp/pc/i/829719/ ピンヘッダ https://www.marutsu.co.jp/pc/i/60528/	915 円	1	915 円
3.5mm スピーカー https://amazon.jp/dp/B075NXYGKX/	1,580 円	1	1,580 円
線追従センサー（TCRT5000 ベース） https://store.shopping.yahoo.co.jp/stk-shop/73010615.html	600 円	2	1,200 円

最後に，私事で恐縮ですが，本書を翻訳している最中の 2021 年 6 月 12 日に父が亡くなりました．2 冊目の翻訳書になる本書を見せることは叶いませんでしたが，このような書籍を出せたのも，子どもの頃から本だけは自由に買わせてくれ，大学院まで行かせてくれた父の支援があったからこそでした．本書を父に捧げたいと思います．

2021 年 11 月

訳　者

訳注の参照 URL

[1] 本書のコードの入手先
（原著コード）https://github.com/the-raspberry-pi-guy/raspirobots
（邦訳コード）https://github.com/3110/raspirobots

[2] NOOBS 搭載 Raspberry Pi セットの購入先の例
https://ssci.to/3880

[3] Raspberry Pi Imager の入手先
https://www.raspberrypi.org/software/

[4] NOOBS の入手先
https://downloads.raspberrypi.org/NOOBS_latest

[5] Raspberry Pi の公式電源
https://www.raspberrypi.org/products/raspberry-pi-universal-power-supply/

[6] 同上の国内購入先の例
https://ssci.to/2879

[7] Pi 3 B，Pi 3 B+ に最適な AC アダプタの購入先の例
https://ssci.to/2801

[8] 同上
https://raspberry-pi.ksyic.com/main/index/pdp.id/436/pdp.open/436

[9] 日本語化など機能拡張した PuTTY の入手先
https://www.ranvis.com/putty

[10] PEP 8
https://www.python.org/dev/peps/pep-0008/#id17

[11] 3M 社のデュアルロック
https://www.3mcompany.jp/3M/ja_JP/p/c/tapes/reclosable-fasteners/

[12] プラネックス社の BT-MICRO4
https://www.planex.co.jp/products/bt-micro4/

[13] HC-SR04 センサーの購入先の例
https://ssci.to/6080

[14] NeoPixel Stick の購入先の例
https://www.marutsu.co.jp/pc/i/829719/
[15] Japanese Raspberry Pi Users Group
https://raspi.jp
[16] Antex 社の XS25
https://www.antex.co.uk/products/precision-range-soldering-irons/xs25/

索引

【訳者紹介】

齊藤 哲哉（さいとう てつや）

1999 年　奈良先端科学技術大学院大学 情報科学研究科 博士後期課程単位取得退学
現　在　日本ユニシス株式会社 総合技術研究所 上席研究員
訳　書 『Raspberry Pi でスーパーコンピュータをつくろう！』（共立出版，2018）

Raspberry Pi でロボットをつくろう！
— 動いて，感じて，考えるロボットの製作と Python プログラミング

原題：*Learn Robotics with Raspberry Pi*
— *Build and Code Your Own Moving, Sensing, Thinking Robots*

2021 年 12 月 30 日　初版 1 刷発行

著　者　Matt Timmons-Brown
（マット・ティモンズ＝ブラウン）
訳　者　齊藤哲哉
発　行　**共立出版株式会社**／南條光章
東京都文京区小日向 4-6-19
電話 03-3947-2511（代表）
〒112-0006／振替口座 00110-2-57035
www.kyoritsu-pub.co.jp

制　作　㈱ グラベルロード
印　刷　精興社
製　本　協栄製本

一般社団法人
自然科学書協会
会員

検印廃止
NDC 007, 548.2
ISBN 978-4-320-12481-3

Printed in Japan